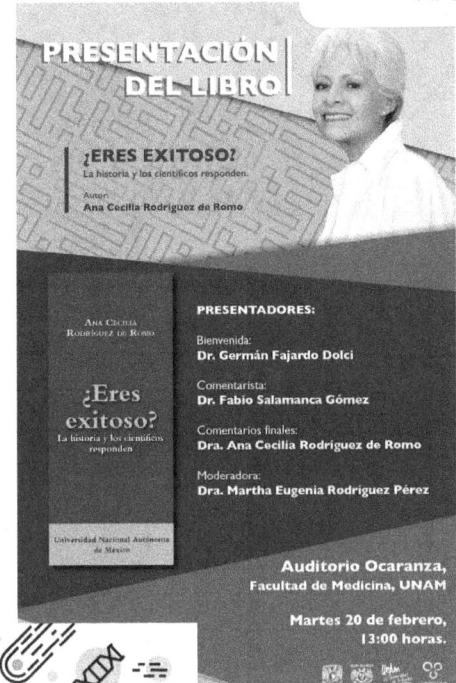

Ana Cecilia Rodríguez de Romo es médico por la UNAM, obtuvo el doctorado en Filosofía e Historia de la Ciencia en la Sorbona de París y realizó una estancia posdoctoral en el Instituto de Historia de la Medicina de la Universidad Johns Hopkins, Estados Unidos. En la Facultad de Medicina de la Universidad Nacional y en el Laboratorio de Historia de la Medicina del Instituto Nacional de Neurología y Neurocirugía, dedica su atención al estudio del descubrimiento científico y a la historia médica mexicana a partir del último tercio del siglo XIX, temas que la apasionan y sobre los que ha escrito diversos libros y artículos.

¿Eres exitoso?

La historia y los científicos
responden

Facultad de Medicina

Ana Cecilia Rodríguez de Romo

¿Eres exitoso?

La historia y los científicos
responden

Universidad Nacional Autónoma de México
México, 2017

¿Eres exitoso? La historia y los científicos responden
Ana Cecilia Rodríguez de Romo

Primera edición: 28 de noviembre de 2017

D.R. © 2017 Universidad Nacional Autónoma de México
Facultad de Medicina, Circuito interior
Ciudad Universitaria, Av. Universidad 3000
Coyoacán, C.P. 04510, Ciudad de México

ISBN 978-1984239310

· ·

Diseño, diagramación y cuidado editorial:
Formas e Imágenes SA de CV

Mihi

Contenido

Agradecimientos

EN VARIAS OCASIONES ESCUCHÉ o leí que un autor había tardado varios años en escribir un libro determinado. Ahora entiendo lo que buscaban transmitir; no era que diario hubiesen redactado unas líneas, es que a diario pensaban en él. Desde hace un buen tiempo empecé a escribir este libro; surgió la idea, más bien informe, fue madurando, aparecieron otras, hubo cambios, pláticas a su respecto con múltiples personas y si no todos los días venía a mi mente, sí lo veía reflejado en diferentes sucesos de mi vida, aunque aparentemente nada tuvieran que ver con él. Lo comentaba con familiares, amigos, colegas, conocidos y con quien me permitiera contarle mi proyecto. Todos aportaron algo, a todos tengo que agradecer. A mi padre. Siempre a mi maestro Mirko Grmek. A Ranulfo, científico con quien vivo desde hace más de 40 años, experimentalista entregado al laboratorio y quien naturalmente ha compartido conmigo sus avatares en la investigación. En las charlas de sobremesa desfilaban sus dudas (también las mías), gozos o frustraciones en la ciencia; el proceso creativo de su labor, a veces doloroso, a veces feliz, siempre interesante. Mis amigos Alicia González Manjarrez, Jesús Aguirre Linares y Enrique Ruiz Martínez Garza, los tres poseedores de una fina mente científica, leyeron el libro terminado y sus comentarios fueron utilísimos.

A "Alicia en el país", Atocha Aliseda, Carlos Belmonte, Catherine Boll, Mercedes Cabello, María de Jesús Colín, Marcos Cueto, Laura Cházaro García, Jacalyn Duffin, Esansitos, Fernando Esteves, Ana Flisser, Elvira Galarraga, Alejandro García, Jacques Glowinski, José Gordon, Oscar Gudiño Montes, Rosalinda Guevara Guzmán, Jorge Inclán Téllez, Adriana Julián-Sánchez, Claudia Infante Castañeda, Mónica Lamas, Juan Lerma, Luis G. Llorente Peters, Rodrigo Medellín, Víctor Manuel Mendiola, Brenda Milner, Angela Nieto, Alejandra Palomares Barrios, Ruy Pérez Tamayo, Alain Prochiantz, Robert Provine, Israel Reyes Delgado, Héctor Riveros-Rosas, Rita Robles, Juan Pablo Rodríguez Luna, Maribel Rodríguez Luna, Patricia Rojas Castañeda, Ranulfo Romo Rodríguez, Guillermo Román Moguel, Pablo Rudomín, Roberto Ruiz Ferráez, Paz María Salazar Schettino, Alejandro Sandoval Maza, José Ignacio Santos Preciado, José Sarukhán, Wolfram Schultz, Antonio Velázquez, María Patricia Villaseñor Cuspinera; todos me compartieron su idea de éxito o me brindaron su tiempo en diferentes formas.

Presentación

De conocimiento y reconocimiento

EL ÉXITO ES UNA PALABRA PELIGROSA. Se confunde con nociones superficiales fomentadas por los libros de superación personal, se entremezcla con actitudes empresariales presuntuosas y arrogantes. Sin embargo, como plantea en este libro la doctora Ana Cecilia Rodríguez de Romo, el éxito tiene que ver con logros, con trabajos en donde interviene la constancia, el método y la organización. Estos rasgos, trasladados al ámbito científico se vuelven vitales ya que están vinculados íntimamente con la evolución del conocimiento y con las repercusiones que éste trae a la sociedad. Para que esto suceda, también es fundamental la intuición, la creatividad y la claridad con la que se entiende y comunica un hallazgo científico.

El problema, como bien lo señala Ana Cecilia, es que en la búsqueda por arrancar algunos de los secretos de la naturaleza, intervienen factores que nos hablan de la novela detrás de un descubrimiento, la historia detrás de una investigación, los contextos personales y sociales, las circunstancias y cadena de azares (incluso aparecen las intrigas) que permiten o dificultan que una idea brillante sea reconocida.

Para alumbrar este proceso, la doctora Rodríguez de Romo realiza un experimento singular: coloca frente a frente cuatro casos de parejas de científicos (del ámbito de la biomedicina) que rondaron el mismo descubrimiento y lanza tres preguntas que se vuelven los ejes de este libro: ¿Quién fue reconocido por el logro científico? ¿Por qué? ¿Cuáles son los factores que hicieron que el otro se quedara en la sombra?

Las respuestas son diversas, pero se advierte un hilo común que se puede ilustrar con una historia que me tocó atestiguar. Hace algunos años vino a la Ciudad de México el director del Instituto Weizmann de Israel, el físico Daniel Zajfman. Impartió un seminario en donde se encontraban notables científicos de nuestro país. Hablaba de la cultura de investigación que ha hecho que su centro de estudios sea uno de los que generan más patentes valiosas en el planeta. Lo que dijo, se relaciona con las claves que ofrece este libro: para ingresar al Weizmann se necesitan básicamente dos requisitos: tener la brillantez intelectual para hacer una investigación de primer orden y, por otro lado, tener la disciplina, y la estructura para llevar a cabo un proyecto hasta su realización (estos rasgos son identificados por la doctora Rodríguez de Romo en términos de motivación y persistencia).

Por otro lado, hay un factor adicional que estimula la intuición, la creatividad y el talento de los investigadores (la otra cara de la ecuación identificada por Ana Cecilia). A la hora de decidir qué tipo de proyecto va a realizar un científico, no son los pares los que lo califican —dice Zajfman— porque a veces los pares son celosos (aparece nuevamente la novela detrás de un hallazgo), ya están establecidos en una zona de confort y no toman riesgos (en ese momento vi cómo tomaban notas con gran interés y humildad el doctor Mario Molina y el doctor José Sarukhán).

Para ayudar al investigador a ser más resistente al peso de lo social que impide nuevas búsquedas, la decisión de los recursos para una investigación solamente la toma el director (junto con otro miembro de la institución), tratando de velar por el conocimiento más allá de intereses individuales. Su misión es apreciar ángulos de estudio basados en la curiosidad, que están fuera de los consensos (en su indagación, mediante una serie de entrevistas, Ana Cecilia identifica este rasgo en términos del amor por la ciencia y la curiosidad por saber).

A estos elementos que parecen ser esenciales para obtener logros científicos, la autora de este interesante libro añade uno más: la pasión por comunicar y compartir de manera clara y hasta a veces poética los atisbos que permiten conectar los puntos entre fenómenos sin explicación aparente. Entonces cobra relevancia social lo que no habíamos podido ver. El hallazgo se vuelve conocimiento compartido, posibilidad de cambio en nuestra conciencia colectiva. A eso es lo que le podamos llamar éxito en la ciencia, logros que a todos nos alcanzan y generan bien común. De ahí la importancia de este estudio de la doctora Ana Cecilia Rodríguez de Romo: nos invita a reflexionar sobre las condiciones que propician el conocimiento y reconocimiento de las tareas científicas.

José Gordon

Prólogo

AMABLE LECTOR:

La autora de este libro generosamente me pidió que lo leyera y que le escribiera un prólogo. Cuando ví el título me sorprendí, pues en principio no creí que el tema mereciera todo un volumen, sino que bastaría con consultar un par de diccionarios para definir el éxito y responder a la pregunta de si, como científico, soy exitoso o no. Pero la lectura cuidadosa del texto me demostró que estaba profundamente equivocado, pues en sus páginas la autora no sólo demuestra la complejidad técnica y filosófica del tema, sino que lo hace ejemplificándolo con cuatro historias muy bien documentadas y con el resultado de una encuesta llevada a cabo personalmente con un grupo numeroso de científicos contemporáneos, la gran mayoría del área de la biomedicina. El lenguaje en que está escrito este libro es sencillo y evita tecnicismos especializados, pues está dirigido al público en general, y no sólo a los científicos.

La estructura de este volumen facilita su comprensión: en la primera parte se plantea el problema general de la concepción del éxito entre los científicos, en la segunda se relatan y analizan cuatro episodios de la historia de la ciencia; en cada uno de ellos participan dos científicos que hacen el mismo descubrimiento, pero de cada pareja sólo uno recibe el reconocimiento (tiene "éxito"), mientras que el otro no; en la tercera parte la autora sintetiza los resultados de su encuesta personal con muchos científicos contemporáneos y presenta sus conclusiones, basadas tanto en el material histórico examinado como en su investigación en la comunidad científica actual, a su alcance.

Pero el interés y las observaciones de la autora no se limitan a los profesionales de la ciencia, sino que también examina (aunque sólo ocasionalmente) el significado del "éxito" en otras ocupaciones, académicas o no, y en personas para las que tal apelativo parecería no tener sentido. Son especialmente interesantes los resultados de su encuesta en el género femenino, al que la autora le dedica una sección especial.

A lo largo de su vida profesional, como historiadora de la ciencia y en especial de la medicina, la autora de este libro ha publicado otras obras, algunas tan valiosas como su famoso texto: "*Claude Bernard. El Sebo de Vela y la Originalidad Científica*",[1] que en mi opinión es el mejor estudio que existe sobre la vida y la obra de ese gran científico francés del siglo XIX. Con el presente libro, la autora te invita a examinar un aspecto poco conocido de la vida de los científicos, tanto históricos como contemporáneos. Yo me sumo a su generosa invitación, y me adelanto a felicitarte lector, por haber iniciado una aventura con este libro tan generoso, tan informativo y tan felizmente realizado.

Dr. Ruy Pérez Tamayo

[1] A. C. Rodríguez de Romo. *Claude Bernard. El sebo de vela y la originalidad científica*. México: Siglo XXI Editores, S.A. de C.V., 2006.

Introducción

Usar el entendimiento para el placer:
¡Eso es ser exitoso!
A. González Manjarrez

PARA LEER ESTE LIBRO se necesita reconocer que todos queremos ser exitosos de acuerdo a nuestra propia circunstancia, poseer cierto grado de conocimiento, de ningún modo especializado y tener bastante curiosidad.

¿Qué es el éxito? Aunque parecería una pregunta simple de fácil contestación, resulta que definir el éxito puede ser complicado, provocador, motivo de reflexión y hasta de inquietud, peor aún si además agregamos otras dos interrogantes; ¿te consideras exitoso? y si es así: ¿de qué depende tu éxito?

En mí ya larga vida académica como historiadora de la medicina, me ha atraído particularmente el fenómeno del descubrimiento científico; tengo experiencia en el tema puesto que he estudiado algunos descubrimientos y sus protagonistas. El asunto es fascinante y múltiples son las aristas que despiertan interés y curiosidad; por ejemplo: ¿cómo reaccionan los científicos cuando creen que han arrancado un secreto a la naturaleza?, ¿cuándo piensan que están frente a un hallazgo nuevo en su labor de investigación? Igual que la pregunta sobre el significado de éxito, éstas últimas tampoco son sencillas pues, justamente, involucrarían el éxito. En un sentido ingenuo, se podría asumir que esa novedosa observación los llevaría a obtener un premio, la fama o el dinero; es decir, a ser exitosos en el sentido popular del término.

Con esa inquietud en mente, pensé que sería fácil proponer explicaciones al supuesto éxito científico, valiéndome de mi experiencia en el abordaje del descubrimiento en medicina. ¡Cuán ilusa! Mi problema empezó cuando lógicamente fue necesario precisar que significa éxito y comprendí que esa necesidad no se satisfacía con sólo consultar el diccionario. Luego, me pareció igualmente sencillo entrevistar científicos y plantearles una única pregunta: cómo investigador, ¿qué es el éxito para usted en su vida científica? La gama de respuestas inesperadas fue inmensa, entendí que había abierto una caja de Pandora, pero para entonces ya estaba sumamente avanzada en el estudio de mis casos y muy seducida con la idea de encontrar explicaciones al éxito científico. Seguiría adelante con mi propósito, que ahora parecía más atractivo.

Mantuve como eje de trabajo la idea primigenia surgida de observaciones fortuitas en mi investigación. Había analizado descubrimientos en los que dos protagonistas, de manera independiente, trabajaron el mismo tema, pero que alcanzaron logros diferentes.

De esos estudios, para este libro seleccioné cuatro parejas de científicos, que investigaron cuatro problemas distintos y concretos en el ámbito de la biomedicina. En cada caso se presentaban dos posiciones en relación al mismo hecho: la del que hace el descubrimiento primero pero es ignorado y aquel que posteriormente observa lo mismo y es quien se lleva el reconocimiento histórico; la del que no entiende lo que descubre, respecto al que inmediatamente percibe las repercusiones de la misma observación; la del que sabe hablar y hacer entendible un hallazgo científico, *versus* el que no está dotado para la comunicación y permanece en la oscuridad; la del que es favorecido por los factores circunstanciales y aquel que no tiene "suerte" y la del poseedor de una personalidad agradable, en contraparte con el que es poco asertivo y sociable. De cada dos perfiles, únicamente uno de ellos fue identificado con el éxito en términos de premios, fama, aceptación histórica o social por haber realizado un descubrimiento. Si éxito es ese reconocimiento, entendí que el éxito en ciencia no dependería solamente de las características intelectuales del científico, también serían importantes el momento histórico, los elementos sociales, las condiciones económicas, las circunstancias fortuitas y hasta la personalidad.

Cualquiera que sea su circunstancia, los científicos viven para explicar los hechos conocidos y predecir los desconocidos, plantear ideas y ponerlas a prueba. Esas ideas provocan descubrimientos inesperados, generalizaciones, leyes o teorías que incrementan nuestra comprensión de la naturaleza o generan conocimiento nuevo y esto a ellos los hace felices.

Existen obras que estudian el desacuerdo entre dos autores sobre el mismo asunto; por ejemplo, Marcello Pera estudia la controversia entre Volta y Galvani acerca de la electricidad animal[2] y Mirko Grmek el papel de Gallo y

---

[2] M. Pera. *The ambiguous frog: the Galvani-Volta controversy on animal electricity.* Princeton: University Press / Princeton Legacy Library, 1991.

Mantaigner en el descubrimiento del factor causal del sida.[3] Sin embargo, en la literatura no se encontró alguna que buscara razones del desarrollo desigual de dos protagonistas que investigan el mismo problema. Así pues, con más entusiasmo, me aferré a mi intención inicial.

En un primer paso discuto el éxito, después abordo mis cuatro descubrimientos, derivo luego algunas reflexiones, sigo con las opiniones de los investigadores acerca de lo que entienden por éxito y todo el tiempo reflexiono.

También es conveniente mencionar que en la medida de lo posible, utilicé los materiales en la lengua en que fueron escritos. Traduje al español las publicaciones en inglés y en francés, algunas palabras en italiano y algunas en alemán. Solamente utilicé la versión española en aquellos casos en los que no encontré la versión original, afortunadamente fueron los menos. Así pues, asumo en su totalidad la responsabilidad de las traducciones.

Para mejorar la comprensión, es bueno desde ahora explicar brevemente mis cuatro historias científicas.

En 1848, Claude Bernard (1813-1878), descubrió que el páncreas produce una sustancia capaz de digerir las grasas de la dieta. Entonces llamó "fermento emulsivo y saponificante" a lo que ahora conocemos como la enzima lipasa pancreática.[4] El descubrimiento fue particularmente importante para el fisiólogo francés, porque además de ser su primer logro científico después de algunos fracasos y muchas frustraciones

---

[3] M.D Grmek. *Histoire du Sida*. Francia: France Loisirs, 1989.

[4] A.C. Rodríguez de Romo. *Recherches de Claude Bernard sur la digestion, l'absorption et les transformations des lipides: analyse historico-psychologique d'une découverte*. Sorbona: Universidad de París I, 1987. Tesis para obtener el grado de doctor en Filosofía e Historia de la Ciencia.

en el laboratorio, abrió la puerta para la comprensión del funcionamiento exócrino del páncreas y de la digestión de las grasas.

Catorce años antes, en 1834, el médico alemán Johann Nepomuk Eberle (1798-1834) publicó un tratado de fisiología donde afirma haber observado que el líquido pancreático emulsiona la grasa, sin embargo, parece que no intuyó las consecuencias de su observación y es Claude Bernard a quien se reconoce como el gran líder en el conocimiento de la fisiología digestiva. No en balde Ragnar Granit, científico ganador del Premio Nobel decía que el verdadero descubridor no es aquel que ve un fenómeno por primera vez, sino el que lo entiende y lo hace entendible a los demás.

En la segunda mitad del siglo XIX surgió la llamada "fisiología de las alturas" cuyo origen fue la inquietud por conocer médicamente la respiración de los individuos que vivían en altitudes muy superiores a la del nivel del mar. Una de las explicaciones planteadas proponía que los habitantes de las zonas altas del mundo, padecían de "anemia intelectual" por estar sometidos a una baja presión y un "aire enrarecido" con anormal concentración de oxígeno. En este marco de referencia, el médico mexicano Daniel Vergara-Lope Escobar (1865-1938) se dedicó a probar la falsedad de la llamada "anoxihemia barométrica".[5] Al finalizar el primer cuarto del siglo XX, el médico peruano Carlos Monge Medrano (1884-1970) propuso la Biología Andina y definió el mecanismo de adaptación a la altura, lo mismo que el mexicano había hecho casi cuarenta años antes. A Monge la

---

[5] A.C. Rodríguez de Romo. "Un fisiólogo mexicano en su 'Montaña Mágica'" en *Ensayos históricos*. Venezuela, 2ª etapa, núm. 11 (1999), pp. 97-110.

historia le concede la prioridad y a Vergara–Lope el anonimato, por motivos que parecerían cuestiones de personalidad y entornos sociales.

A pesar de que en la segunda mitad del siglo decimonónico el microscopio alcanzó un considerable progreso, poco se había avanzado en el conocimiento del sistema nervioso. En ese contexto, Camillo Golgi (1843-1926) inventó un método de tinción histológica basado en la coloración selectiva de las células y las fibras nerviosas. El procedimiento permitió delimitar a las neuronas y seguir sus más delicadas ramificaciones, circunstancia que aprovechó muy bien el español Santiago Ramón y Cajal (1852-1934) para proponer su teoría celular del tejido nervioso.[6] El Premio Nobel de 1906 en Fisiología y Medicina, fue otorgado tanto al científico español como al italiano por "su trabajo en la estructura del sistema nervioso". Sin embargo, Golgi no mostró estar contento con el espléndido galardón. Él más bien postulaba la Teoría Reticular que consideraba al tejido nervioso como una red y no como un conjunto de células aisladas.

El anuncio en 1986 de que el Premio Nobel en Medicina había sido otorgado a Rita Levi-Montalcini (1909-2012), por el descubrimiento del Factor Nervioso de Crecimiento (FNC)[7] provocó muchos comentarios suspicaces, ya que la comunidad científica se extrañó de que Viktor Hamburger (1900-2001) no estuviera incluido entre los galardonados,

[6] A.C. Rodríguez de Romo. "¿Neuronismo o reticularismo? diferente percepción de la misma circunstancia" en *Archivos de neurociencias.* Vol. 10, núm. 1 (2005), pp. 2-8.

[7] M. Shein, y A.C. Rodríguez de Romo. "Rita Levi-Montalcini y la perseverancia en el camino de la ciencia" en *Anales médicos.* Vol. 49, núm. 4 (2004), pp. 208-216.

puesto que fue en su laboratorio y a instancias de una idea suya, que se logró descubrir el FNC. ¿Cómo y de dónde surgió la luminosa interpretación que permitió saber que existe un factor que promueve el crecimiento del tejido nervioso y que además es fundamental para la supervivencia y el mantenimiento del mismo tejido? El descubrimiento del FNC es un abanico de increíbles sucesos fortuitos, factores circunstanciales, golpes de suerte y casualidades. Hamburger y Levi-Montalcini fueron protagonistas de un típico descubrimiento del siglo XX, es decir, uno en el que intervinieron muchos científicos y la tecnología y la información tuvieron un papel relevante, pero al final una mente destacó en el grupo.

En estas cuatro parejas de científicos sólo hay una mujer y en total siete médicos y un biólogo. Su transitar se inicia a mediados del siglo XIX, se prolonga hasta el XXI y todos contribuyeron a enriquecer el conocimiento del cuerpo humano.

El análisis de estas historias propicia las siguientes preguntas: ¿qué condiciona el éxito para un científico?, ¿el que esté satisfecho de su trabajo?, ¿que la sociedad lo reconozca?, ¿qué la historia lo otorgue un lugar a él y a su obra?

La ciencia no es una empresa fácil y la capacidad intelectual no es lo único que determina su desempeño. Los casos seleccionados, sin importar momento histórico o país, pueden ser tomados como modelo de las reacciones personales y las circunstancias que afectan a los científicos cuando encuentran algo que enriquece el conocimiento.

Diferentes factores, internos y externos al propio investigador determinan los descubrimientos científicos, las circunstancias en que se realizaron y cómo son asumidos por sus descubridores, sus pares y la sociedad en general.[8] Todos somos capaces de percibir los estímulos externos, pero no todos lo hacemos igual. No es lo mismo mirar que ver, nombrar que explicar, clasificar que significar, probar que validar o cambiar que innovar.[9] Quizá el científico exitoso no sea un ser excepcional, pero si es un individuo con ciertas características que le permiten reconocer la importancia de algunos fenómenos sin explicación aparente. Estoy segura que mis casos histórico-médicos nos ayudarán a iluminar la historia del conocimiento y el significado del éxito, algo que de un modo u otro todos buscamos.

[8] D.K. Simonton. *Scientific genius. A psychology of science.* Cambridge: Cambridge University Press, 1990.
[9] R. Serge. *Les mécanismes de la découverte scientifique.* Canada: Les presses de l'Université d'Otawa, 1993.

I

¿Qué es el éxito?

El éxito no se logra sólo con cualidades especiales.
Es sobre todo un trabajo de constancia, de
método y de organización.
J. Forbes y P. Sergent, *Las treinta promesas de los negocios*.

¿QUÉ NOS SIGNIFICA EL éxito? Particularmente, ¿qué quiere decir éxito para los científicos?, ¿cuándo, por qué o con qué se considerarían exitosos?

Primero hay que ponerse de acuerdo y para ello es importante precisar lo que entendemos por la palabra éxito. Después, tomar lo que los estudiosos del tema han establecido.

La definición de éxito en los diccionarios casi no varía. El *Diccionario enciclopédico Grijalbo* (1988) dice a la letra: "Feliz terminación de una empresa, actuación, etcétera. Aprobación que se da a alguien o algo. Logro". El *Diccionario de la Real*

Academia de la Lengua Española en su edición de 1941 reza: "(Del latín *exitus*, de *exire* salir), masculino. Fin o terminación de un negocio o dependencia. Resultado feliz de un negocio, actuación, etcétera"*,* lo mismo expresa el reciente *Gran Diccionario de la lengua Española* (2016). Guido Gómez de Silva en su *Breve diccionario etimológico de la lengua española* (1988) escribe*:* "resultado feliz, logro de algo que se deseaba: latín *exitus* 'resultado, conclusión', de *exitus* 'acción de salir; salida', de *exitus*, participio pasivo de *exire* 'salir'". Todas ellas expresan la idea de salida física de un lugar, de terminar; dos mencionan las palabras logro y resultado feliz.

Las diferentes concepciones de éxito

Me llamó poderosamente la atención la concepción tan diferente de éxito que tiene el mundo anglosajón[1] frente al de habla hispana. Para mis fines, es muy útil discutirlo. Éxito en inglés es cultural y lingüísticamente muy diferente a la palabra en español y la traducción literal no refleja la pluralidad semántica. El minucioso estudio de Ángel Raluy Alonso refleja una realidad sumamente sugestiva. *Success* tiene raíces históricas que lo han definido e incluso modificado haciéndolo dependiente de los cambios sociales, muy en concordancia con la sociedad estadounidense. Su etimología es diferente.

El sustantivo *success* y el verbo *succeed* derivan del participio latino *successus* y del infinitivo *sucedere* respectivamente

---

[1] Á. Raluy Alonso. "El concepto estadounidense de 'éxito' frente a su homónimo español: dos visiones sociológica, semántica y etimológicamente diferentes" en *ELUA*. Núm. 26 (2012), pp. 269-288.

que, en esencia, transmiten la idea de llegar a algo, al final de algo, sin aclarar si es bueno o malo. Adquiere sentido positivo a finales del siglo XVIII y a partir del XIX posee la idea implícita de progreso o renovación; del impacto de la voluntad en el producto de las acciones y la estima al dinero y las cosas materiales: "cuando un ciudadano estadounidense lee la palabra *success*, su mente reconstruye un deseo de superación y progreso colectivo al que debe aspirar todo individuo".[2] El vocablo español éxito se limita a una circunstancia física o a la conclusión de una acción, no se asocia inmediatamente con hechos favorables, positivos o progreso alguno; es el fluir de los acontecimientos independientes, más bien producto del azar que de la voluntad. Lo que es peor, según el autor, el éxito se asociaría con sospecha o desconfianza, ya que la riqueza material o los triunfos podrían ser malogrados. El autor apunta que en nuestra cultura existe una abulia permanente, pesimismo tradicional y desprecio por el dinero. Alonso Raluy ilustra muy bien las dos acepciones con el siguiente párrafo:

la frase 'es una chica de mucho éxito' se refiere a la simpatía o belleza de una persona que la hace digna de admiración. Su traducción al inglés no debería ser '*she is a very successful girl*' sino más bien '*she is a very popular girl*'. El adjetivo *successful* no se refiere al magnetismo de una persona, sino a los logros que ha alcanzado en su vida o carrera profesional. La frivolidad de este significado, por tanto, sería traducida de forma culturalmente mucho más atinada mediante el sustantivo *popular*.[3]

[2] *Idem,* p. 286.
[3] *Idem,* p. 280.

Hablando de ciencia, un investigador me dijo que éxito le significaba formar parte del gremio científico en México, adelante comentaremos la opinión, por ahora, que el lector elabore sus propias conclusiones.

Casi no encontré estudios específicos que abordaran particularmente lo que significa el éxito para los científicos; sin embargo, el tema del éxito es muy abundante en la literatura de las ciencias sociales, sobre todo en la anglosajona, detalle que llamó mucho mi atención (numerosos ejemplos aparecen en la Bibliohemerografía). Así que, enseguida tomo de esos trabajos lo que me es de utilidad y después regreso a la palabra éxito.

Aunque esos escritos analizan ingenieros, químicos, directivos de empresas y otros oficios no relativos a la práctica de la ciencia, me fueron muy provechosos, pues al fin y al cabo los científicos son seres humanos, por tanto comparten con el resto de sus congéneres necesidades, emociones, deseos, pasiones y muchas más características inherentes a su especie. Además, la mayoría de los artículos tratan los resultados de investigaciones cuantitativas y cualitativas con muestras que van de unos cuantos sujetos interrogados acerca de lo que entienden por éxito, hasta otras enormes como la que menciona Caicedo Torres[4] que no es de su autoría y que incluyó 4,500 individuos de ocho países.

La mayoría de las publicaciones coinciden en que en nuestro mundo occidental, el éxito está hermanado con la profesión u oficio, otorgan un peso significativo a la capacidad adaptativa al medio ambiente, a los aspectos psicológicos

---

[4] M.A. Caicedo Torres. "Éxito profesional" en *Revista códice*. Vol. 3, núm. 19 (2007), p. 47.

relacionados con el sentimiento de bienestar y, por supuesto, a las cualidades cognitivas; inteligencia, memoria, capacidad de observación, de atención, mismas que aunque no se adquieren, si se pueden ejercitar.

¿Objetivo o subjetivo? Clasificaciones del éxito

El éxito se ha clasificado en dos tipos: el éxito objetivo o externo y el éxito subjetivo o interno.

El éxito objetivo o externo estaría definido con parámetros establecidos por la sociedad y en consecuencia se puede "medir" o "cuantificar" con indicadores como salario, estatus, promociones, premios, atributos del desempeño y en general, aquellos señalamientos que son de acceso público, que involucran la posición oficial. La escala de medición es externa.

El éxito subjetivo o interno dependería de la persona, se refiere a su propia evaluación profesional, a su satisfacción particular, a lo que es importante o valioso para ella o para él. Al sentido propio de trascendencia, significado o propósito. La escala de medición es interna.

Los elementos que configurarían el éxito externo pueden variar de profesión a profesión. Por ejemplo: el nivel de ventas de los diversos gerentes en una misma cadena comercial o las diferentes promociones académicas entre los profesores universitarios, pero parámetros comunes a cualquier oficio, me parece que serían dos: la jerarquía y el salario.

Lograr jefaturas, direcciones, presidencias, gerencias o promociones distingue a los individuos entre sí. Automáticamente el entorno, la sociedad, el gremio en el que se desarrollan los define como "ganadores", como los "exitosos" y esos niveles altos en el sitio de trabajo generalmente están asociados a un salario mayor. El poder y el dinero son los referentes *sine qua non* del éxito en nuestro mundo contemporáneo occidental. Los científicos no se sustraen a esta situación. Para ellos son relevantes las jefaturas de departamentos, direcciones de institutos o centros de investigación, presidencias de comités, consejos científicos, academias, sociedades, promocionarse en la escala de nombramientos académicos, publicaciones en las revistas de alto impacto, número de citas a sus trabajos, premios y distinciones, todos logros objetivos y cuantificables, que implican dinero no sólo en forma de salario, también como donativos o *grants* para realizar su investigación. En el caso del poder, quizá el de los científicos sea especial, pues además se trata de poder intelectual, aquel que influye en el pensamiento ajeno a través de la ciencia. Muchos investigadores están contentos con su vida científica, sin que necesariamente tengan mucho dinero o poder.

Respecto al llamado éxito interno o subjetivo, me desconcertó un tanto que fuera tan abundante la bibliografía, mucho más numerosa de la que trata el éxito objetivo o externo.

En general, esta interpretación se refiere a lo que personalmente el sujeto entiende por éxito, a sentir que disfruta su trabajo y que ese sentimiento le proporciona bienestar y satisfacción; que su labor vale la pena. El reconocimiento personal o el agradecimiento sin que necesariamente sea público, implica una forma de éxito. También saber, aunque no abiertamente, que se tiene influencia en el medio, mayor responsabilidad y se es competente. ¿Por qué está actitud tan fuera de los parámetros convencionales de éxito? En un mundo tan cambiante como el contemporáneo, donde los valores tradicionales se tambalean, quizá se trate de una forma de adaptación psicológica para vivir mejor.

Aunque podría pensarse que ambas formas de éxito son mutuamente complementarias, parece que el éxito objetivo no necesariamente conduce al éxito psicológico o subjetivo; *sentirse exitoso* no resulta tan evidente. Además, en las fuentes consultadas, apareció un nuevo elemento: la *vocación*. Según María Adela Caicedo Torres la vocación pesa para el éxito subjetivo, porque influye en el "sentido básico de vida", en este caso la satisfacción no es objetiva, estaría en la misma frecuencia que el éxito subjetivo y una vez cubierto éste, el éxito objetivo llegaría en consecuencia. Volviendo a los científicos, me atrevo a adelantar que un número importante de aquellos con los que platiqué, expresaron ser exitosos en términos de lo que acabo de explicar.

Aquí cabría la pregunta sin respuesta inmediata: ¿una forma de éxito es más importante que la otra? Porque cualquiera que sea la modalidad de éxito, parece haber una convergencia en la necesidad de lograr el equilibrio, es decir, combinar *exitosamente* la vida profesional con la privada. Una gerente en sus años cuarenta expresó: "¿Estaré equilibrando mi vida privada con la profesional y logrando ambas? No quiero ser perfecta en ninguna de las dos, pero si quisiera ser capaz de balancearlas".[5]

---

[5] J. Sturges. "What it means to succed: personal conceptions of career success held by male and female managers at different ages" in *British journal of management*. No. 10 (1999), p. 243.

Así pues, la definición de éxito se complica porque habría que concatenar los logros extrínsicos con los intrínsicos o psicológicos, generados en el desempeño profesional y buscar su equilibrio con el tiempo libre para la propia recreación y la atención a la familia.

En este punto cabe una curiosidad más: ¿qué impide ser exitoso? Los conocedores dicen que en general, alcanzar el éxito se dificulta cuando hay problemas de personalidad como la neurosis y la inestabilidad emocional, que complican la capacidad de liderazgo, motivación, trabajo en equipo o la expresión de las capacidades intelectuales y académicas. Rasgos benéficos de personalidad serían ser extrovertido, escrupuloso, decidido, determinado, proactivo (tendencia a cambiar el medio para hacer que las cosas sucedan).

Regresemos a los científicos. Siendo seres humanos, no se pueden sustraer a las situaciones arriba mencionadas, o sea que deben existir mujeres y hombres que dedicándose a la ciencia sean problemáticos para ellos mismos y su entorno. No sólo les cuesta ser exitosos, compiten y parece que nunca ganan, además dificultan el éxito de su entorno y están lejos de ser proactivos.

Cómo entienden su éxito los *exitosos*

Un estudio ilustrativo para mis fines es el de Jane Sturges[6] que a pesar de estar realizado en gerentes, me resultó muy conveniente. En un grupo conformado por 18 mujeres y 18 hombres, entre los veinte a los cuarenta años de edad, ella simplemente

---

[6] *Idem*, pp. 239-252.

les pidió que definieran éxito en sus propios términos, sin considerar la perspectiva de la empresa. A las mujeres también les preguntó si pensaban que su concepto de éxito era diferente al de los hombres y a las personas mayores si el suyo sería distinto al de los jóvenes. Los resultados fueron muy atractivos y creo de aplicación general.

La autora construyó cuatro categorías con las respuestas que le dieron los gerentes. Me parece que igualmente se pueden aplicar a los científicos y para su mención, prefiero dejar el apelativo en el inglés original.

Climbers. Ellos definen el éxito profesional en términos externos. Les resulta fundamental la posición que ocupan y por supuesto ascender en la escala jerárquica, los reconocimientos y el dinero; expresan una gran competitividad. En este grupo no había mujeres y lo formaron hombres jóvenes.

Experts. El éxito significa logros de alta calidad, el reconocimiento personal por ser bueno en su trabajo y el respeto del medio. Disfrutar su labor es más importante que la posición jerárquica, sobre todo para los mayores. Son esenciales la responsabilidad y la autonomía. Este bloque estaba conformado principalmente por mujeres y de todas las edades.

Influencers. Para éstos, el éxito es realizar acciones que repercutan tangible y positivamente en la empresa, independientemente de la posición que ocupen. El logro es lo importante. En los *influencers* se repetían igualmente los hombres y las mujeres y de todas las edades.

Self-Realizers. El éxito se describe como un concepto profundamente interno basado en la idea de triunfo a un nivel muy particular, a tal grado que podría significar muy poco para los demás. Se trata de una realización personal. Para ellos es prioritario el equilibrio entre lo profesional y lo privado.

Encontrar satisfactorio e interesante su trabajo es vital y en la investigación de Sturges, las mujeres fueron mucho más numerosas que los hombres, y entre ellas, las adultas maduras.

¿Género y edad?

La investigación de Jane Sturges incluyó dos variables definitorias a las que confieso no haberles dado mucho peso en un principio: el género y la edad. En relación al género y según los resultados de la investigadora, para las mujeres los criterios externos no fueron centrales aunque tampoco totalmente irrelevantes en su concepto de éxito profesional. Parece que los parámetros exclusivamente objetivos no funcionan para ellas. Respecto a los criterios internos, hombres y mujeres coinciden en lo que sería el éxito, pero en la definición femenina pesan mucho el reconocimiento personal y el nivel de influencia. Ellas dijeron que no cambiarían un trabajo que disfrutan por una mayor jerarquía, su reto sería no salir de la "competencia". Ellos midieron el éxito con el ascenso jerárquico; ganar es el objetivo en la "competencia". Las mujeres ven más el éxito en términos de equidad y justicia y no como sobrevivencia del más apto. En particular, ¿dónde posicionaríamos a las científicas en esta discusión? Respuestas muy buenas surgen de las entrevistas que hice, pero por lo pronto mencionaré que hay escasos trabajos sobre el tema y la mayoría en el ámbito de los estudios de género. Ivonne Vizcarra Bordi y Graciela Vélez Bautista[7] piensan que:

[7] I. Vizcarra Bordi y G. Vélez Bautista. "Género y éxito científico en la Universidad Autónoma del Estado de México" en *Revista estudios feministas*.Vol. 15, núm. 3 (2007) en dx.doi.org/10.1590/S0104-026X2007000300005.

la crítica de género advierte que dicho concepto de género se adecúa más a los logros masculinos que a los femeninos porque implica el reconocimiento público. Hasta hoy, para la mayoría de las mujeres existe una fuerte tensión entre la dicotomía éxito público *versus* éxito privado que incide en mantenerlas en desventaja respecto a los hombres, quienes no se ven precisados a soportar dicha tensión.

Ellas también indagaron el significado de éxito en un grupo de académicas y académicos de la Universidad Autónoma del Estado de México, con hijos y sin ellos, casados y solteros, entre 28 y 45 años. Sus respuestas fueron muy similares a las obtenidas en el estudio de Sturges. En cuanto a que "ellas realizan una doble tarea: encontrar el equilibrio entre profesión y vida familiar, mientras que los investigadores generalmente se avocan casi exclusivamente a conseguir logros académicos y científicos". No estoy muy segura de la generalización del concepto en nuestros días, sobre todo entre los científicos jóvenes. He observado que ellos prestan apoyo importante con los hijos, les interesa mucho y se organizan con su pareja, abundan los casos donde ambos trabajan en el laboratorio. Ellos empiezan a tener otro concepto de éxito que no es sólo el objetivo y ellas a voltear los ojos a este parámetro.

Según el estudio estadounidense con gerentes, parecería que el significado de éxito se vuelve más complejo con la edad, situación que incluso percibí en mis entrevistas. En las personas mayores los criterios objetivos serían remplazados por el énfasis en la influencia y la autonomía, sobre todo en los hombres. ¿Por qué? De mi exclusiva experiencia personal, he concluido que el éxito en las personas de edad depende en buena parte de su capacidad de adaptación (por ejemplo a sus malestares o deficiencias físicas), de la satisfacción psicológica que logren. Los científicos mayores lo expresan muy bien y lo discutiremos al final. Las mujeres que cuentan más años (incluidas las científicas) ven como éxito hacer un trabajo gratificante y desafiante que esté en equilibrio con el resto de su vida.

II

El sebo de vela: Claude Bernard y Johann N. Eberle

A MEDIADOS DEL SIGLO XIX, la curiosidad de algunos médicos se dirigía a los misterios que encerraba el páncreas y a la forma en que los alimentos se incorporaban al organismo. La comunidad científica compartía como explicaciones una mezcla de especulaciones y observaciones que no aclaraban las cosas. Respecto a la grasa, unos pensaban que pasaba inalterada al quilo después de atravesar la pared intestinal, pero como finalmente no se sabía algo con certeza, otros más decían que bajo la acción de los fluidos digestivos los alimentos en general eran absorbidos desde el estómago para incorporarse a la circulación.[1] Había múltiples hipótesis sobre el funcionamiento del páncreas, incluso se pensó que no servía para nada. Para fines prácticos, el problema principal radicaba en que era muy difícil obtener el órgano y por lo

---

[1] J.B. Dumas. *Essai de statique chimique des êtres organisés.* Paris: 1844, p. 112.

tanto, hacer experimentos para conocer sus funciones. La maniobra era complicada y el fluido de mala calidad. Unos pensaban que el jugo estaba destinado a separar el quilo de los excrementos; otros suponían que servía para atemperar la acritud de la bilis, unos más creían que diluía el quimo o que disolvía los restos de alimentos que no habían sido digeridos en el estómago, contribuyendo a su asimilación. En esta nube de suposiciones parecía predominar la opinión de que el páncreas era similar a las glándulas salivales y su jugo a la saliva.

La idea de "fermento" y "alimento fermentable" era muy socorrida para explicar algunos de los fenómenos químicos de la digestión. De hecho se observó que para que los alimentos fueran digeridos, debían sufrir la acción de un "fermento". Es útil señalar que el término fermento se refiere a lo que actualmente conocemos como enzimas; por ejemplo, en 1833 Anselm Payen y Jean François Persoz descubrieron la que ahora se conoce como diastasa y que degrada el almidón. Justamente, Claude Bernard encontró un fermento pancreático que descomponía los triglicéridos, principales grasas de los alimentos, en sus componentes, lo que permite su absorción. Para definir estos fermentos, fue necesario que existiera la noción de principios alimentarios, lo que sucedió en 1834, cuando el británico William Proust, descubrió que la leche tenía azúcar, grasa y caseína.[2]

En 1823 Eugène Chevreul, por análisis elemental, encontró que las grasas neutras o triglicéridos están formadas por glicerol y ácidos grasos, pero en ese momento el hallazgo no se relacionó ni con el páncreas ni con la digestión de la grasa.

[2] M. Florkin. "A history of biochemistry". in *History of Science*; ed. A. Hessenbruch. Amsterdam / New York: Elsevier, 1972, pp. 121 y 267.

Para 1843, Apollinaire Bouchardat y Claude Marie Sandras publicaron *Investigaciones sobre la digestión y la asimilación de las grasas*.[3] Según ellos, la grasa pasaba al quilo por un proceso de difusión y la bilis era útil para estos fines. La bilis también podría servir para extraer grasa del quilo. Poco después los mismos autores publicaron *De las funciones del páncreas*, donde nada proponen acerca de las grasas.[4]

A mediados del siglo XIX, lo que se sabía del páncreas y la digestión de la grasa era impreciso y contradictorio, pero el camino ya estaba trazado, pues existía un vivo interés por los fenómenos digestivos. Aunque sin certeza experimental, ya se había asociado al páncreas con la digestión de la grasa, existía un conocimiento aceptable de la química de los cuerpos grasos y florecía una rica interacción entre la química y la fisiología.

[3] A. Bouchardat and C.M. Sandras. "Recherches sur la digestion et la assimilation des corps gras" en *C.R. Hebd. Acad. Sci*. No. 17 (1843), pp. 296-399.

[4] A. Bouchardat and C.M. Sandras. "Des functions du pancréas et son influence dans la digestion des féculents" en *C.R. Hebd. Acad. Sci*. No. 20 (1845), pp. 1,085-1,091.

CLAUDE BERNARD
(1813-1878)

Claude Bernard a la edad de 35 años.
Imagen tomada de: F.L Holmes. Claude.
Bernard and Animal Chemistry. Cambrid-
ge, Massachusetts: Harvard University Press, 1974, p. 5.

NACIÓ EL 12 DE julio de 1813 en Saint Julian de Villefran-
che, lugar cercano a Lyon, en el seno de una familia de
viticultores y falleció en París el 10 de febrero de 1878. El
hombre de ciencia describiría con cariño el hermoso paisaje
de la región de Beaujolais donde estaba su pueblo y la casa
paterna, albergue en sus prolongadas enfermedades y sus
escasas vacaciones. Su educación inicial la recibió del cura del
pueblo y después en un colegio de jesuitas. A los 18 años
abandonó los estudios debido a problemas económicos familiares y empezó a trabajar como aprendiz de farmacéutico en
Lyon. En realidad, Bernard deseaba ser escritor pero no triun-
fó en esta empresa y en 1834 se inscribió en la Facultad de
Medicina de París. Pronto estableció contacto con François
Magendie, que al margen de los programas académicos, desa-
rrollaba sus propias investigaciones en animales y estimulaba
a sus alumnos a hacer experimentación. Bernard ganó la
confianza de su maestro y fue su interno en el *Hôtel Dieu*
(1840) y su preparador en el *Collège de France* (1841). Cuando

concluyó sus estudios ya había publicado tres artículos. Sin embargo su comienzo en la ciencia no fue fácil, porque esas tres publicaciones tenían conclusiones equivocadas; por ejemplo, en la que estudió la secreción gástrica, propuso que el ácido secretado era láctico.[5] En 1845 contrajo matrimonio con Marie Françoise Martin con quien tuvo cuatro hijos, dos hombres y dos mujeres, los dos varones fallecieron tempranamente. Es conocido que Claude Bernard fue infeliz en su vida familiar, se separó de su esposa y sus hijas estuvieron involucradas con los grupos antiviviseccionistas de la época, inclusive fundaron el cementerio de animales cercano a París. Siendo Bernard fiel creyente de la experimentación animal, esto fue un duro golpe para él.

El año 1848 es determinante en la vida científica de Claude Bernard, puesto que ese año realizó su primer descubrimiento, la enzima lipasa pancreática o *fermento emulsivo y saponificante* que fue de suma importancia para aclarar la función de páncreas y qué sucedía en el organismo con la grasa de la dieta.

A partir de este momento el gran científico francés se vuelve importante porque en lo teórico creó conceptos revolucionarios y en lo práctico realizó descubrimientos concretos. Sistematizó la investigación científico-médica, cuyos principios plasmó en su magna obra *Introducción al estudio de la medicina experimental*. Descubrió como se sintetiza el glucógeno, la formación del ácido láctico muscular, la acción del curare, el mecanismo de intoxicación por monóxido de carbono, los nervios vasomotores y vasodilatadores, etcétera.

[5] C. Bernard. "Mémoire sur le suc gastrique et son rôle dans la nutrition" en *Gazette médicale de Paris*. Vol. 12, no. 11 (1844), pp. 165-172.

También propuso la noción de "medio interno" o *milieu intérieur* que es el mecanismo regulador o principio de equilibrio dinámico del organismo y establece la relación armoniosa entre los órganos, las células y los líquidos del cuerpo humano.

Claude Bernard recibió las más grandes distinciones académicas e incluso políticas en su país. Fue profesor de la Facultad de Ciencias, del Colegio de Francia, del Museo de Historia Natural, en la Sorbona, miembro honorario de múltiples sociedades, principalmente de la Academia de Ciencias y de la Academia de Medicina. También fue Comendador de la Legión de Honor, senador y recibió honores de Estado cuando falleció.

El distinguido fisiólogo francés tuvo la disciplina de escribir sus protocolos de trabajo en el laboratorio, desde 1839, hasta casi antes de su muerte. Material de valor incalculable, está custodiado por diferentes instituciones en Francia, pero la mayoría se encuentra en el Colegio de Francia donde actualmente puede ser consultado. Del análisis de ese material depende esta investigación.[6]

El gran descubrimiento

El descubrimiento de la enzima lipasa pancreática fue especialmente importante para Claude Bernard.[7] Desde 1844 se

---

[6] A.C. Rodríguez de Romo. *Claude Bernard, el sebo de vela y la originalidad científica*. México: Siglo XXI / Facultad de Medicina UNAM / Academia Mexicana de Ciencias, 2006.

[7] A.C. Rodríguez de Romo. "Tallow and the time capsule: Claude Bernard's discovery of the pancreatic digestion of fat" in *History and Philosophy of the Life Sciences*. No. 11 (1989), pp. 253-274.

había alejado de la práctica médica para dedicarse al laboratorio, sin embargo, hasta 1848 no había publicado nada de interés real. Tenía problemas económicos y estaba valorando seriamente la posibilidad de regresar a su lugar de nacimiento como médico rural. De modo que el descubrimiento de la propiedad lipolítica del páncreas, fue el inicio real de la carrera científica del investigador de 35 años, que trataba de hacerse un lugar en el mundo de su época. Ese hallazgo científico le permitió a Claude Bernard ganar el Premio de Fisiología Experimental de 1848 otorgado por la Academia de Ciencias[8] y el Listón de la Legión de Honor.[9] Bernard llegó a estimar tanto su descubrimiento, que generalmente lo usaba para ilustrar una de los puntos seminales de su innovadora teoría sobre el método científico, es decir, el hecho de que a veces las ideas experimentales nacen por azar y como consecuencia de una observación fortuita.[10]

La historia del descubrimiento de la capacidad lipolítica del páncreas es fascinante por muchas razones, por ejemplo, la incongruencia entre la historia que cuenta el propio Bernard como el origen de su hallazgo y la verdad que emerge del análisis minucioso de sus protocolos de laboratorio. Es decir, en sus libros y artículos, escribe una narrativa ordenada, lógica, lúcida y muy ingeniosa de cómo realizó su hallazgo, pero la realidad que surge de sus notas científicas es muy diferente; incluso modifica la cronología de los hechos y esta conducta,

---

[8] E. Maindron. *Les fondations de Prix de l'Académie des Sciences. Les Lauréats de l'Académie, 1714-1880.* Paris: Gauthier-Villars, 1881.

[9] M. Genty. "Claude Bernard" in *Les biographies médicales.* No. 6 (1932), pp. 140-141.

[10] C. Bernard. *Introducción al estudio de la medicina experimental*; tr. J.J. Izquierdo. México: Imprenta Universitaria, 1942, p. 246.

que parece común en los científicos, sería motivo de otro libro.[11] La circunstancia que aquí me interesa destacar, es que en 1848, Claude Bernard ignoraba que el médico alemán Johann Nepomuk Eberle (1798-1834), había observado el mismo fenómeno que él, pero en 1834, catorce años antes. Eberle decía haber mezclado una infusión de jugo pancreático artificial con aceite y haber producido una emulsión que podía mantenerse con agitación al calor de la mano: "el jugo pancreático puede aceptar un poco de grasa y mantenerla como una emulsión fina".[12]

¿Qué fue lo que sucedió?, ¿por qué la historia otorga el crédito del descubrimiento al científico francés y no al alemán?, ¿por qué las cosas fueron tan diferentes para ambos después de haber observado el mismo fenómeno? Para encontrar las respuestas, es necesario volver los ojos a la forma de cómo cada uno de ellos hizo su observación crucial y cómo reaccionaron después.

La investigación de Bernard

Al igual que muchos estudiosos de su época, Claude Bernard estaba interesado en conocer como actuaban los "líquidos orgánicos" (jugo gástrico, bilis, líquido intestinal, etcétera) en la digestión de los alimentos. En particular investigaba la digestión de los "azúcares" y los "albuminoides". Aunque imaginaba que el jugo pancréatico debía desempeñar alguna

---

[11] Para el interesado en profundizar en estos detalles, véase A.C. Rodríguez de Romo. *Claude Bernard, el sebo de vela…*

[12] J.N. Eberle. *Physiologie der Verdauung: nach Versuchen auf natürlichem und künslichem Wege.* Würsburg: Erscheinungsjahr, 1834, p. 253.

función en la digestión, sus experimentos con ese fluido estaban muy limitados porque su técnica para obtener la secreción pancréatica era deficiente. Es importante señalar que en múltiples ocasiones había intentado la operación pero había fracasado, él mismo hacía hincapié en que la glándula era muy delicada, el líquido se alteraba después de la manipulación y en ocasiones el animal fallecía sin lograr nada. Por primera vez, el 24 de marzo de 1848, obtuvo abundante secreción pancréatica de buena calidad a raíz de una operación exitosa. En sus manuscritos apunta que ese día inició dos largas series de experimentos sobre la acción de ese líquido en los azúcares y en las "sustancias nitrogenadas".[13] Entonces, y sin razón aparente, puso en contacto el jugo del páncreas con un poco del sebo de una vela que tenía sobre su mesa y ésta se emulsificó.[14] Estos detalles históricos son totalmente desconocidos pues nunca los publicó y sólo aparecen en sus diarios personales.

La fortuna estaba de su lado porque el sebo de vela no forma parte de la dieta humana, pero su estructura química es semejante a la de los triglicéridos o grasas neutras (recuérdese que en siglo XIX las velas eran de sebo animal), sustrato de la enzima lipasa pancreática. La acción fue totalmente intuitiva y sin razón aparente. En realidad, Bernard no había considerado estudiar la digestión de la grasa, así lo prueban sus propios protocolos anteriores que refieren acciones e ideas relacionadas con carbohidratos y

---

[13] Manuscrito 7c, pp. 240-2. La referencia de los manuscritos bernardinos se hará de acuerdo a la notación establecida por M.D. Grmek en su *Catalogue des manuscrits de Claude Bernard*. Paris: Masson, 1967.
[14] Manuscrito 7c, p. 242c. *Idem*.

proteínas de la dieta. Otra circunstancia significativa es que no tenía ninguna grasa entre sus reactivos (sólo tenía soluciones de almidón y albúmina para probar la capacidad glucolítica y proteolítica de sus secreciones digestivas). Pero, puesto que estudiaba la digestión de los alimentos, ¿por qué no probar la acción del páncreas en la grasa?, ¿qué podía perder? Recuérdese que desde 1834 se sabía que los alimentos tenían azúcares (carbohidratos), albuminoides (proteínas) y grasas (lípidos). Para entonces, probablemente ya había visto que los demás fluidos digestivos, más fáciles de obtener, no actuaban en la grasa.

En cuanto Bernard observó que la grasa de su vela se emulsionaba con el líquido pancreático, comprendió inmediatamente el significado fisiológico de esa reacción química. Acostumbraba experimentar con intensidad cuando encontraba algo en el laboratorio que creía excepcional; así que durante esa semana hizo un gran número de experimentos. Mezcló el sebo con saliva, suero, jugo gástrico, albúmina de huevo, jugo pancreático "natural" y "artificial" (tejido molido y suspendido con solución salina). Solamente los reactivos pancreáticos emulsificaban la grasa, además observó que la emulsión se volvía ácida.

El lunes 3 de abril a primera hora, Bernard depositó un sobre lacrado en la Academia de Ciencias de París con el resumen titulado "Propiedades del jugo pancreático". En el texto incluía, además de las observaciones que había hecho desde el 24 de marzo, las afirmaciones de que había trabajado con grasas de la dieta, cuando en realidad había realizado todos sus experimentos con sebo de vela, y de que había visto como la emulsión grasa era absorbida por los vasos quilíferos, cuando en verdad todavía no había hecho experimentos *in vivo,* es decir, en animales.[15]

La regla dictaba que si el autor no pedía que el sobre fuera abierto, la Academia imponía un plazo de cien años para conocer el contenido. Claude Bernard nunca solicitó la apertura del documento lacrado y los cien años se cumplieron en 1948. En esa época Francia vivía los estragos de la guerra y su prioridad no estaba en los plazos históricos, así que el sobre fue abierto hasta 1978, en ocasión del centenario de la muerte de Claude Bernard.

Regresando a nuestra historia, un mes después, el 29 de abril de 1848, durante la sesión de la Sociedad Filomática en París, el fisiólogo leyó el texto titulado: *Sur les usages du suc pancréatique.* Una breve nota sería publicada posteriormente en la revista *L'Institut.*[16] En ese trabajo, Bernard afirmó haber descubierto que el jugo pancreático es el agente indispensable para la digestión de las grasas y a la letra dice: "ningún otro fluido de la economía posee esta notoria propiedad de emulsionar simultáneamente las grasas neutras. En principio se trata de una emulsión y una división muy grande de la materia grasa que ocurre bajo la influencia de una sustancia orgánica particular que contiene el jugo pancreático".[17]

La publicación es pequeña y la mención de Bernard como el descubridor es más bien modesta: "Yo diría que esta acción del páncreas sobre las materias grasas, que creo, no ha sido

[15] E. Wolf, B. Halpern, et J. Roche. "Présentation et lecture de trois plies cachetes de Claude Bernard (nos. 825, 826 et 2299)" en *C.R. Acad. Sci.* No. 286 (1978), pp. 63-66.
[16] C. Bernard. "Sur les usages du suc pancréatique" en *L'Institut.* No. 16 (1848), pp. 137-138.
[17] *Idem.*

señalada por nadie, otorga a este órgano una gran importancia en los fenómenos de la digestión".[18]

Casi un año después, el 19 de febrero de 1849, Bernard publicó una extensa memoria que tituló *Du suc pancréatique et de son rôle dans les phénomènes de la digestion*.[19] El texto contiene el trabajo experimental y las conclusiones que el fisiólogo francés realizó hasta esa fecha. Bernard afirmó que su objetivo en ese trabajo era demostrar experimentalmente que el fluido pancréatico, a diferencia de todos los demás líquidos del organismo, tenía la capacidad excepcional de modificar la grasa de los alimentos. Su acción consistía en digerirla permitiendo su absorción intestinal y su incorporación a los vasos quilíferos. La actitud cautelosa que se percibe en el artículo de 1848, se torna en seguridad un año después, Bernard estaba tan orgulloso de su hazaña científica, que incluso publicó nueve versiones de la misma memoria en revistas diferentes.[20] Pero, ¿cúales son las circunstancias del descubrimiento de Eberle?, ¿cúales fueron realmente sus observaciones?

---

[18] *Idem*.

[19] C. Bernard. "Du suc pancréatique et de son rôle dans les phénomènes de la digestion" en *C.R. Hebd. Acad. Sci*. No. 28 (1849), pp. 249-253.

[20] M.D. Grmek. *Catalogue des manuscrits…*, p. 322.

JOHANN NEPOMUK EBERLE
(1798-1834)

MÉDICO Y FISIÓLOGO NACIÓ en Würzburg, Baviera, Alemania en 1798 y falleció en 1834. Se sabe muy poco de él. Se interesó de modo importante en la digestión y las funciones del páncreas. En 1834 escribió un libro de cerca de cuatrocientas páginas titulado *Physiologie der Verdauung: nach Versuchen auf natürlichem und künslichem Wege*,[21] que aborda la fisiología de la digestión. Para su elaboración, parece que Eberle realizó experimentos. El científico alemán falleció a los 36 años de edad, poco después de haber publicado su libro.

Eberle fue un médico investigador de mérito propio, muy al estilo del siglo XIX. A pesar de no contar con un gran laboratorio, asistentes o importantes recursos económicos para pagar animales, equipo y lo necesario para investigar, fue un hombre de cuya voluntad y bolsillo provenía todo. Para sus

[21] *Fisiología de la digestión según experimentos naturales y artificiales.* Véase J.N. Eberle, *Physiologie der Verdauung...*

contemporáneos él fue poco conocido y aún en la actualidad su labor no ha sido lo suficientemente valorada.[22]

El hallazgo de Eberle

Eberle, publicó su observación de la capacidad lipolítica del páncreas exócrino en su libro de fisiología. No precisa ningún detalle acerca de cómo y porqué la realiza. Otorgaba al jugo pancreático una especie de acción disolvente sobre los alimentos para formar el quimo.[23] También creía que tenía la función que hasta entonces se atribuía a la bilis, es decir, precisamente la de emulsión de las grasas de los alimentos: "lo que se suponía antes de la bilis, es decir que emulsiona las partes grasas de los alimentos, es ahora válido para el jugo pancreático".[24]

Sin embargo, su observación está aislada en su gran tratado de fisiología y ubicada en un contexto que el mismo autor hace ambiguo: "no sería capaz de afirmar con certeza si el jugo pancreático provoca una transformación decisiva de los diversos alimentos o si sólo se mezcla con ellos sin provocar su metamorfosis de manera precisa".[25]

Además, agrega que si la licuefacción que produce el jugo pancreático causa una transformación de los alimentos, esto es más bien un hecho secundario o accidental.

[22] H. Kuhlmann. *Physiologie im Wohnzimmer* en: www.heide-kuhlmann.de/html.

[23] J.N. Eberle. *Physiologie der Verdauung...* p. 252.

[24] *Idem*, p. 253.

[25] *Idem*, p. 254.

Las conclusiones del médico alemán son más claras cuando se trata de precisar la función de la bilis. Dice que no participa en la absorción, solamente multiplica la cantidad de partes no disueltas en el contenido intestinal.

Es importante señalar que para sus experimentos, Eberle usó una infusión acuosa de páncreas de toro, nunca hizo experimentos *in vivo* ni tampoco obtuvo jugo pancreático, que consideraba ácido al igual que la bilis.

Sin embargo, esto no es lo verdaderamente importante, lo trascendente es el hecho de que nunca entendió las consecuencias de su observación que en su libro está aislada y fuera de un contexto fisiológico. De hecho pensó que se trataba de un hecho fortuito. Dice que la secreción pancréatica tiene como función la digestión de las grasas, para después agregar que es un hecho meramente accidental. Existen detalles relevantes que indican que la percepción bernardina del mismo fenómeno fue diferente. Baste mencionar el depósito del sobre lacrado en la Academia de Ciencias y la presentación en la Sociedad Filomática. La costumbre de los sobres lacrados ya no existe, pero podríamos compararla con lo que ahora se conoce como *short communications*. Bernard entendió que había encontrado la clave de un viejo problema y tenía que asegurar su prioridad lo más pronto posible, recordemos que entregó su documento sellado a la Academia una semana después de haber realizado su observación capital. Incluso llegó más allá al describir en la carta los fenómenos digestivos que después reproduciría experimentalmente en sus animales intactos. Cuando su prioridad en el descubrimiento fue firme, ¿para qué solicitar la apertura del sobre?

En relación a la presentación en la Sociedad Filomática un mes después, también Bernard menciona en su ponencia situaciones que no observó. Dice que no se forma quilo lactescente cuando se bloquea el conducto pancreático.[26] En ese entonces, todavía estaban lejos los experimentos de destrucción del páncreas y bloqueo de sus conductos, para probar de otra manera la función lipolítica del páncreas. Pero quizá la forma de cómo hizo las cosas, toma más importancia que el contenido de sus palabras. El científico francés escogió la Sociedad Filomática para su anuncio científico, a pesar de que era una agrupación de menor importancia. La Academia de Ciencias podía haber sido un mejor escenario, pero entonces Bernard todavía no pertenecía a la prestigiosa institución y su trabajo sólo podía haberse presentado a través de un miembro como lo era su maestro Magendie. Claude Bernard quiso guardar el mérito sólo para él, estoy convencida que estaba consciente de las repercusiones de su descubrimiento.

Una reflexión

Descubrimiento y *comprensión* no son necesariamente eventos simultáneos. Ragnar Granit, ganador del Premio Nobel en 1967 por sus trabajos en la fisiología de la visión, pensaba que la observación de un fenómeno no significa que se le entienda:

> 'descubrimiento' y 'comprensión' realmente son conceptos diferentes y no están diferenciados arbitrariamente. En un descubrimiento hay una cualidad única unida a un momento particular en el tiempo, mientras que la comprensión parte

---

[26] El 25 de abril, Bernard fracasó en su intento de bloquear el conducto pancreático. Ms. 7c, pp. 285-288.

de un nivel profundo de penetración y perspicacia, es un proceso que dura años y en muchos casos toda la vida del descubierto.[27]

Eberle observó la acción emulsiva del páncreas pero no intuyó las consecuencias de su observación. A veces se expresa con claridad para después ser confuso. Bernard "redescubrió" el fenómeno e inmediatamente se percató de su importancia.

Para aclarar esta idea, es bueno recordar lo que el mismo Granit afirmaba de su maestro, el médico Charles Sherrington, quien por sus hallazgos en el campo de la neurofisiología, se hizo acreedor al Premio Nobel en 1932:

> Sherrington nunca hizo ningún descubrimiento. Lo que hizo Sherrington fue proporcionar los elementos de comprensión necesarios, por supuesto, no estando sentado en su escritorio, sino con experimentación activa, alrededor de un grupo de ideas que corregía y mejoraba, madurando poco a poco. No es mi intención devaluar los descubrimientos, sólo enfatizar que en realidad es el entendimiento lo que persiguen los científicos, incluso cuando realizan descubrimientos. Estos tienen o pueden tener poco interés si solamente son simples hechos. Deben ser entendidos, al menos de modo general y tal entendimiento implica colocarlos en un marco claro y relevante de progreso, y que sirva para solidificar ideas ya conocidas.[28]

---

[27] R. Granit. "Discovery and understanding" in *American review physical*. No. 34 (1972). p. 3.

[28] *Idem*, pp. 3 y 6.

De modo muy elegante, Mirko Grmek llama a ese fenómeno "éclat de raisonnement".[29] Él consideraba que el investigador que da sentido a su descubrimiento se encuentra en una disposición de espíritu particular que le permite percibir lo que a otros ha escapado. Este "estado creativo del alma" fue una de las mayores cualidades de Claude Bernard,[30] quien fue capaz entender y hacer entendible un fenómeno desde que lo vio la primera vez.

Si Eberle fue el primero en *describir* el poder emulsivo del jugo pancreático, Bernard fue quien realmente lo *descubrió* ya que su entendimiento de la "segunda" observación, fue la que estableció el concepto de naturaleza fisiológica.

Es interesante mencionar un último punto. En un momento dado, Claude Bernard pensó, muy justamente, que la ausencia de secreción pancreática se reflejaría en una falta de digestión de la grasa y, en consecuencia, se le ocurrió destruir el páncreas para probar su teoría por medio de lo que él llamó la "contra-prueba". Pero al mismo tiempo que observó que los animales sin la glándula eran incapaces de digerir la grasa de la dieta, reprodujo las manifestaciones típicas de la diabetes mellitus; es decir, al impedir la producción de insulina, sus perros se volvían voraces, adelgazaban, orinaban en gran cantidad y tenían mucha sed. Sin embargo, seducido por su propia teoría, no se percató que la disfunción pancreática podía ser la causa de la diabetes mellitus; para Bernard, el páncreas

---

[29] M. Grmek. "Le rôle du hasard dans la génese des découvertes scientifiques" en *Medicina Nei Secoli*. No. 13 (1976), pp. 277-303.

[30] M. Grmek. *On Scientific Discovery, The Erice Lectures 1977*. Holland, USA: D. Reidel Publishing Company. No. 34 (1977), pp. 9-42.

sólo estaba relacionado con las grasas, así como en su propia experiencia, el hígado sólo lo estaba con los carbohidratos.[31]

Es deseable saber más de nuestros dos científicos, pero la información sobre Johann N. Eberle es muy escasa. Los que han escrito acerca de la fisiología digestiva mencionan su tratado en las referencias históricas,[32] sin embargo no proporcionan mayor información acerca del personaje.

Respecto a Claude Bernard, sus propios escritos y lo que otros han referido sobre él, dan luz sobre su persona. Hasta la fecha, una de las mejores biografías del sabio francés es la escrita por Olmsted y Olmsted.[33] Estos autores revelan detalles de su vida que pudieron ser significativos en su desempeño científico. Su padre fue viticultor, él nació a los seis años de casados y sólo tuvo una hermana más joven. Claude nunca escribe de su padre, pero de su madre lo hace en múltiples ocasiones, de hecho comparte que su muerte fue uno de los dolores más grandes en su vida. Su esposa llegaría a expresar la molestia que le causaba la relación tan estrecha de Bernard con su madre. Aunque de niño lo describen como soñador, serio, pensativo, solitario y reservado, los Olmsted dicen que en su juventud le gustaba jugar cartas, ir a fiestas y bailes con tres amigos que conservó largo tiempo y que le era agradable

[31] A.C. Rodríguez de Romo. "La enfermedad en el pensamiento de Claude Bernard; el caso del azúcar y la grasa" en *Ludus Vitalis*. Vol. 11, núm. 20 (2003), pp. 166-176.

[32] *Phisiologie der Verdauung: nach Versuchen auf natürlichem und künslichem Wege*. 1834 [Fisiología de la digestión según experimentos naturales y artificiales], mencionado en J. Howard and W. Hess. *History of the páncreas: mysteries of a hidden organ*. Springer (2002).

[33] J. Olmsted and E.H. Olmsted. *Claude Bernard and the experimental method in medicine*. USA: Collier Book, 1961.

a las chicas. Gustaba de hacer bromas, era cordial y cariñoso con ellos y de hecho con sus amigos partió a París.

Parece haber sido un estudiante ordinario, aunque desde muy temprano se interesó en la investigación, razón por la que se aproximó a su maestro François Magendie. Más por problemas económicos que por amor, se casa con Marie Françoise (Fanny) Martin quien aporta al matrimonio una dote de múltiples bienes y sesenta mil francos, contra 9,800 de Bernard. Es sabido que el matrimonio no fue afortunado, de hecho, August Renan y François Mauriac aluden a su triste vida conyugal en alguna de sus obras. Fanny pasó a la historia como una mujer incomprensiva y retrógrada, pero quizá no fue fácil ver desaparecer su dote en el pago de deudas ajenas y hacer de su casa un bioterio para animales con cánulas que derramaban líquidos en los muebles.

Se describe al gran fisiólogo francés como sumamente inteligente, muy sensible a la belleza, con un profundo sentido estético y gran intuición. Era de tendencia romántica y se enamoraba de mujeres que no podían corresponderle. El caso de madame Marie Raffalovich es el más conocido. Se trató de una aristócrata rusa, casada y muy culta que además de ser su amiga, le traducía al francés artículos originalmente escritos en alemán y ruso, lenguas que no leía Bernard.

Cuando el sabio francés falleció, estuvieron presentes su discípulo Arsène d'Arsonval, su sirvienta Mariette, su amiga madame Raffalovich y Sophie, la hija de ésta última, pero ningún miembro de su familia. Sus alumnos decían que Claude Bernard era paternal con ellos y en su lecho de muerte los calificó de su familia científica. Al ser muy severo consigo mismo, lo era con el trabajo de los otros; sin embargo, sus afectos no eran discriminatorios, siendo pródigo en consejos y alientos con ellos. Lo describían como de criterio abierto, y al mismo tiempo seguro de sí mismo, nunca parecía absorto por sus propias opiniones, no trataba de impresionar con la palabra, y pensaba que los demás eran como él. El espíritu de la investigación era su inspiración y asumía que sería suficiente para entusiasmar a los demás.

Físicamente lo pintaban como interesante y agradable de ver, de cabeza fina, "cuando habla de sus propios descubrimientos, tiene una manera tan distinguida de decir, 'se ha descubierto...'".[34] En su trato era sencillo, con la simpleza y la honestidad de un hombre inteligente, pero su naturaleza era compleja. Un poco solitario con tendencia a aislarse, a la melancolía, inspiraba amistad y afecto. En sus libros y manuscritos personales, encontré a un hombre excepcionalmente inteligente, muy creativo, imaginativo e intuitivo, honesto, íntegro, agnóstico, disciplinado, de una gran voluntad; pero también poco sociable, escéptico, egoísta, ególatra, renuente a la crítica constructiva y hasta un poco cruel, pero... con un *je ne sais quoi* que lo hizo excepcional.

La ciencia fue su vocación y su refugio: "la ciencia me absorbe y me consume, no pido más si me ayuda a olvidar". En mi visión muy personal, Claude Bernard representó el ideal romántico del científico del siglo XIX. Su luminosa inteligencia, su celo sincero por la ciencia, su preocupación real por el conocimiento y su magnificencia de espíritu, lo hacen uno de los más grandes científicos que han existido.

---

[34] J. Olmsted. *Claude Bernard. Physiologist.* New York and London: Harper and Brothers Publishers, 1938, p. 131.

III

¿La raza americana es inferior?: Daniel Vergara-Lope y Carlos Monge Medrano

L A MEDICINA SE HIZO científica en el siglo XIX. El método experimental sistemático y ordenado condicionó la validez del nuevo conocimiento acerca del cuerpo humano. En este contexto, la fisiología, la reina de la medicina como la calificaba Claude Bernard, se prestaba como ninguna otra disciplina, a revelar sus secretos en el laboratorio de investigación. Entre diversas curiosidades, existía una gran inquietud por conocer los fenómenos de la respiración y algunos investigadores ya habían observado que mostraba variaciones de acuerdo a la altitud de las diferentes zonas geográficas. La particularidad era tal, que dio lugar a la llamada "fisiología de las alturas". Muchos estudiosos se interesaron en el asunto y sus aportaciones fueron diversas; una de las más controvertidas fue la teoría conocida como "anoxihemia barométrica". Esta teoría decía que los habitantes de las zonas altas del mundo, padecían de "anemia intelectual" por estar sometidos a una baja presión y un "aire enrarecido" con anormal concentración de oxígeno. Estando aún en la Escuela de Medicina, el joven Daniel Vergara-Lope Escobar (1865-1938) leyó acerca del tema y a partir de entonces dedicó casi toda su vida a probar científicamente la falsedad de esas ideas. Incluso propuso que el hombre mexicano no sólo era normal, sino que el Altiplano Mexicano era excelente para curar los males respiratorios. En Perú sucedió una circunstancia muy similar al finalizar el primer cuarto de siglo XX. Científicos extranjeros visitaron las zonas altas de ese país y afirmaron que sus pobladores igualmente sufrían anemia intelectual. Así pues, el médico peruano Carlos Monge Medrano (1884-1970) estudió a sus compatriotas y propuso la existencia de un hombre andino excepcional que estaba maravillosamente adaptado a la altura. Incluso, postuló la llamada Biología Andina y creo en su país un sitio dedicado al desarrollo de esa disciplina. Los dos definieron el mecanismo fisiológico y anatómico de adaptación a la altitud elevada, pero el mexicano lo hizo casi cuarenta años antes que el peruano, quien es el que se lleva el crédito de la historia. Veamos los detalles.

DANIEL VERGARA-LOPE ESCOBAR
(1865-1938)

Daniel Vergara-Lope Escobar. Imagen tomada de: J.J. Izquierdo. *Balance cuatricentenario de la fisiología en México.* México: Cvltura, 1934, p. 249.

J OSÉ MARÍA DANIEL[1] DE Jesús Francisco de Paula Marino de la Trinidad Vergara-Lope Escobar nació el 27 de noviembre de 1865, en Mineral de Pachuca, entonces Estado de México y falleció en la Ciudad de México el 12 de abril de 1938. Su padre fue el ingeniero José María Vergara-Lope; su abuelo, Félix Vergara-Lope era licenciado y figura destacada en la política del estado. Resulta atractivo mencionar los oficios de su padre y su abuelo pues familias de profesionistas no eran usuales en esos tiempos.

Cuando Daniel tenía cuatro años de edad, emigró con su familia a la capital del país. En 1880, se incorporó a la Escuela Nacional Preparatoria donde, al igual que otros

---

[1] L. Cházaro García y AC. Rodríguez de Roma *A 2,274 metros de altitud: la fisiología de la respiración del Dr. Daniel Vergara Lope (1865-1938).* México Conacyt / FRACTAL, 2006.

jóvenes mexicanos, fue educado dentro del más puro sentimiento positivista implantado por Gabino Barreda.

Al finalizar la preparatoria, ingresó a la Escuela Nacional de Medicina y en mayo de 1890 se graduó como médico, con un examen práctico en el Hospital de San Andrés, luego de haber presentado su trabajo de tesis; *Refutación teórica y experimental de la teoría de la anoxihemia del doctor Jourdanet.* Este trabajo es una defensa científica a los mexicanos del altiplano, que según el médico francés, tenían facultades intelectuales limitadas, lo que se reflejaba en las esferas de lo higiénico y lo moral.

Gracias al apoyo del doctor Fernando Altamirano, Vergara-Lope pudo realizar la parte experimental de su trabajo en el Instituto Médico Nacional (IMN), donde comenzó a laborar desde 1888. Luego de un año obtuvo el cargo de Médico Ayudante de la Tercera Sección del IMN y en 1892 fue nombrado demostrador de fisiología en la Escuela Nacional de Medicina. Desde entonces comenzó a asistir a congresos, formar parte de asociaciones, así como a publicar sus trabajos de investigación. Por otro lado, visitó laboratorios de fisiología en Moscú, San Petersburgo, Berlín, Bruselas y París con el objetivo de mejorar el existente en el IMN.

Durante la última década del siglo XIX, contrajo matrimonio con María Ayestarán, de origen vasco. La pareja tuvo dos hijos, María y Daniel.

Bajo el encargo del director de la Escuela Nacional de Medicina, doctor Manuel Carmona y Valle, en el año de 1900 Vergara-Lope formuló los programas de las prácticas para el curso de Fisiología Médica y se dedicó a montar el laboratorio de Fisiología Experimental. Aparte de estas actividades, atendía su consulta privada y trabajaba como profesor de diferentes cátedras de medicina y de anatomía en la Escuela Nacional de Bellas Artes.

En 1906, ingresó a la Academia Nacional de Medicina ocupando la vacante de Fisiología Médica con un trabajo titulado: "Las variaciones de la tensión sanguínea en relación con las de la presión barométrica". Durante 1908 y 1909 realizó importantes estudios de antropometría en un grupo de niños del Hospicio General de la Ciudad de México.

Debido a problemas políticos, a la caída de Victoriano Huerta dejó la Ciudad de México y se mudó a Cuernavaca donde logró establecer un sanatorio, una farmacia y una casa de huéspedes.

Viejo y enfermo regresó a la capital del país donde falleció de neumonía. A lo largo de su vida científica, Vergara-Lope publicó en las mejores revistas de su época, por ejemplo, en la *Gaceta Médica de México* aparecieron un gran número de sus trabajos sobre los diversos aspectos de la medicina de altura, fisiología cardiorrespiratoria, antropometría, patología y los aparatos de medición que diseñó o modificó.

Además de su tesis, publicó otros dos libros; uno de ellos realizado en coautoría con Alfonso Herrera hijo, con el cual ganaron la medalla que otorgó el Instituto Smithsoniano de Washington en 1895, a los trabajos que estudiaran la naturaleza o propiedades del aire atmosférico y la aplicaciones prácticas al bienestar de la humanidad.[2]

[2] A.C. Rodríguez de Romo. "Antecedentes de la ciencia médica mexicana a través de la figura del doctor Daniel Vergara-Lope Escobar (1865-1938)" en *Gaceta Médica de México*. Vol. 140, núm. 4 (2004), pp. 411-416.

La labor del mexicano

Siendo estudiante de medicina, Daniel Vergara-Lope leyó el libro de Denis Jourdanet *Les altitudes de la Amerique Tropicale.*[3] En el estilo ameno del relato de viajero, Jourdanet escribió en su libro las conclusiones de la expedición científica que encabezó a México. Según él, debido a la baja presión (585mm de Hg) y elevada altura (2 277m sobre el nivel del mar) los habitantes del Valle del Anáhuac respiraban un aire enrarecido con menor concentración de oxígeno, lo que provocaba deficiencias cognitivas y predisposición a las enfermedades que afectaban las cualidades higiénicas y morales. El fenómeno correspondía a la llamada "anoxihemia barométrica"; la sangre estaba empobrecida de oxígeno, situación que estimulaba mediocremente al sistema nervioso cuyas funciones se ejercitaban sin energía provocando apatía física e incluso degradación moral.[4] No todos compartían las ideas de Jourdanet, su compatriota Léon Coindet pensaba que los habitantes de las alturas desarrollaban un fenómeno de "aclimatación" que permitía compensar el déficit de oxígeno.[5] Sin embargo, esto tampoco significaba que las cualidades morales o intelectuales dejaran de estar afectadas. En conclusión, en la segunda mitad del siglo pasado, la fisiología de las alturas vivía dos posturas irreconciliables, o se asumía la existencia de una respiración defectuosa que conducía al

[3] D. Jourdanet. *Les altitudes de l'Amerique Tropicale comparée au niveau de la mer au point de vue de la constitution médicale.* Paris: Baillière et Fils, 1861.

[4] D. Vergara-Lope. *Refutación teórica y experimental de la teoría de la anoxihemia del Dr. Jourdanet.* México: Secretaría de Fomento, 1890, pp. 15-16.

[5] L. Coindet. "Physiologie de la réspiration sur les altitudes" en *Gaceta Médica de México.* Vol. 1, núm. 2 (1864), pp. 3-5, 17-19 y 46-48.

envilecimiento de las razas autóctonas o se aceptaba un fenómeno de "aclimatación" que podía compensar la deficiencia de oxígeno pero no aseguraba la capacidad intelectual. La solución que se diera a estas propuestas médicas en conflicto, afectaría lo que se pensara sobre la higiene y la civilización en las regiones altas del mundo.

Con esos antecedentes, Vergara-Lope decidió desarrollar una refutación a la teoría de Jourdanet como el tema de tesis para obtener el título de médico cirujano. Su idea fija fue probar la falsedad de la anoxihemia barométrica y validar a la raza mexicana desde el punto de vista científico. El joven fisiólogo mexicano no imaginó que ese sería el tema de investigación que ocuparía toda su vida científica. En su tesis escribió:

> es un asunto de interés meramente nacional y de notables trascendencias para el progreso del porvenir, no sólo científico, sino higiénico, práctico y social [...] los mexicanos no seremos una miserable raza, víctima fatal del medio cósmico en que se ha colocado e incapaz de toda clase de progreso. Pónganse las cosas en su verdadero lugar, son mis deseos y los de todo aquel que busque la verdad.[6]

Durante casi treinta años, Vergara-Lope se dedicó a medir la amplitud del tórax de sus compatriotas, la talla, el peso, la capacidad respiratoria y cardíaca, el volumen de aire y de oxígeno inspirado, la frecuencia cardíaca y respiratoria, la tensión arterial, los glóbulos rojos, los fenómenos químicos de los gases. Todas eran variables medibles y por lo tanto

---

[6] D. Vergara-Lope. *Refutación teórica y experimental...*, p. 53.

sujetas a investigación científica. Como buen hijo del positivismo y fiel admirador de Claude Bernard, el científico mexicano era obsesivo respecto a la exigencia de la experimentación para probar la hipótesis. Lo primero que encontró fue que Jourdanet no había realizado labor experimental en los habitantes del altiplano, no midió las variables fisiológicas en el cuerpo mexicano y tomó las del cuerpo francés como si fueran universales.

Años de trabajo y de reflexión minuciosa, llevaron al fisiólogo mexicano a concluir que la teoría de la anoxihemia barométrica era falsa, no existía superioridad intelectual del europeo sobre el mexicano; todos estaban sujetos a las mismas reglas de la naturaleza. Llamó a esas reglas la "Ley de la Compensación".[7] Vergara-Lope le dio a su teoría un sustento estadístico y matemático complejo, pero para fines prácticos, la ley dice que a mayor altura y menor presión, la frecuencia respiratoria aumenta en dos o tres respiraciones por minuto, incrementándose también la profundidad de la respiración. Según él, ese cambio fisiológico causaba cambios anatómicos, la caja torácica crecía en el sentido anteroposterior y por la elevación de la clavícula.

También describió la "poliglobulia de las alturas".[8] Entonces ignoraba que el fenómeno ya había sido descrito por el

---

[7] D. Vergara-Lope. *La anoxihemia barométrica. Medios fisiológicos y mesológicos que ayudan al hombre a contrarrestar la acción de la atmósfera rarificada de las altitudes.* México: Oficina Tipográfica de la Secretaría de Fomento, 1893, pp. 40-41.

[8] D. Vergara-Lope. "La hematología de las altitudes en sus relaciones con la clínica y la terapéutica" en *Rev. Quin. Anat. Pat. Clín. Med. Quir.* Núm. 7 (1896), pp. 200-206 y pp. 234-246 y núm. 9: (1912), pp. 282-296. "La hiperglobulia de la altitudes no es un fenómeno de hematopoiesis" en *Gaceta Médica de México.* Núm. 6 (s.a), pp. 135-136.

francés François Viault, pero en sus publicaciones posteriores él mismo se encargó de darle el justo crédito al francés. Primero pensó que la poliglobulia se debía a la mayor formación de glóbulos rojos. Después consideró que la causa era la disminución de agua en la sangre, lo que la hacía más "espesa".[9] La poliglobulia provocaría aumento de la hemoglobina y por lo tanto de la mayor capacidad respiratoria de la sangre.

Los cambios anatómicos y fisiológicos asociados a la respiración y la poliglobulia eran proporcionales a las circunstancias del lugar y de cada individuo. Esos cambios permitirían recuperar la cantidad de oxígeno en que tanto insistía el francés y así la rarefacción de las alturas quedaría compensada con un aumento proporcional de respiraciones, de pulsaciones y de glóbulos rojos. Según él: "todo tiene su compensación, demostrando cada vez que la sabia naturaleza busca la estabilidad y el equilibrio".

Entre 1890 y 1930, el fisiólogo mexicano publicó tres libros y alrededor de cuarenta trabajos, todos diferentes abordajes de su rechazo científico al concepto de la respiración deficiente en la altura. El último libro, es una obra monumental de 800 páginas que se editó en francés en 1895. La misma obra ganó en 1899, la medalla Hodgkins del concurso sobre fisiología de las altitudes patrocinado por el Instituto Smithsoniano de Washington.[10]

Los trabajos de Vergara-Lope aparecieron en las prestigiosas revistas mexicanas de esa época, sobre todo, como ya

[9] D. Vergara-Lope. "La densidad de la sangre y su tensión molecular" en *Gaceta Médica de México*. Núm. 8 (1913), p. 317.
[10] A. Herrera y D. Vergara-Lope. *La vie sur les hauts plateaux. Influence de la pression barométrique sur la constitution et le développment des êtres organisés. Traitement climatérique de la tuberculose.* México: Imprimerie I. Escalante, 1899.

se mencionó, en la *Gaceta Médica de México*, las *Memorias de la Sociedad Científica Antonio Alzate* y los *Anales del Instituto Médico Nacional*. Muchos de sus trabajos los publicó en francés.

En los primeros años de su carrera científica, Daniel Vergara-Lope se abocó más a la fisiología experimental, en el último periodo se dedicó principalmente a la antropometría. Para su investigación utilizó una gran variedad de instrumentos, algunos de su propia invención. Esta variedad que a veces se antoja fantasiosa, incluía por ejemplo, el ortodiógrafo, toracógrafo, cirtómetro, hemodomógrafo, audímetro, platismógrafo y otros más que sólo él empleó y ya no existen.

Daniel Vergara-Lope aceptó que existía anemia en México, pero no por anoxihemia barométrica y precisó causas como la tuberculosis, paludismo, higiene deficiente, mala alimentación, alcoholismo e, incluso, salarios pobres. Además pensaba que si bien la tuberculosis puede ser causa de anemia, la altura la contrarresta en lugar de fomentarla. Años después promovería la creación de hospitales para tuberculosos en el sur de la ciudad de México. Daniel Vergara-Lope entendió muy bien lo que ahora se conoce como Mal de Montaña. Decía que no eran iguales los cambios provocados por vivir en la altura permanentemente, a los que se sucedían por la adaptación temporal de quien sube poco a poco y vuelve a bajar.

El fisiólogo mexicano es prácticamente desconocido en la historia de la medicina de nuestro país y no es exagerado decir que también se ignora casi todo de su obra. Incluso en su misma época no era una figura protagónica. Tal situación causa extrañeza si se considera que la comunidad médica mexicana de finales del siglo XIX era pequeña, su trabajo tuvo valor heurístico y pertenecía a la élite social de entonces.

CARLOS MONGE MEDRANO
(1884-1970)

NACIÓ EN LIMA, PERÚ el 13 de diciembre de 1884 y falleció en la misma ciudad el 15 de febrero de 1970. Su padre murió cuando era un niño y fue educado por su madre, una excepcional mujer quien trabajaba como maestra de piano y que graduó a sus cuatro hijos de la universidad. Su familia era muy pobre y con esfuerzo y dedicación logró escalar socialmente y tener una carrera académica brillante. Ingresó en 1904, a la Facultad de Medicina de San Fernando de la Universidad Nacional Mayor de San Marcos, donde obtuvo el título de médico-cirujano hacia 1911. Al estar todavía en la Escuela de Medicina, se enroló en el Ejército peruano como médico de medio tiempo. Para 1912, Monge siguió los cursos de la Escuela de Medicina Tropical en Londres y publicó dos artículos en el periódico de la institución. En 1914 viajó a Estados Unidos, ahí visitó los centros hospitalarios más importantes y estableció buenas amistades. Ese mismo año regresó a la Facultad de Medicina en Perú. Se convirtió en catedrático en 1931, luego se desempeñó como su director (1941-1945) y finalmente llegó a rector de la Universidad Mayor de San Marcos (1945-1946).

El doctor Monge Medrano organizó en 1927 la primera expedición científica a una zona de gran altitud en Perú, lo que le daría un renombre en la medicina internacional. La idea era estudiar la adaptación de los nativos a la altitud y objetar lo que en 1921 Joseph Barcroft había afirmado, cuando visitó Cerro de Pasco. El científico británico propuso que los indígenas que habitaban zonas pobres en oxígeno, tenían deficiencias físicas y mentales. En contraste a Barcroft, Monge enfatizaba el desempeño físico excepcional de los habitantes que llevaban centurias de adaptación.

En 1929 presentó sus resultados en la Escuela de Medicina de París y aseguró una publicación en francés de un libro sobre fisiología de altura, donde se trataba el mal de montaña o soroche crónico, afección que se denominó como "Enfermedad de Monge". El hecho fue significativo porque entonces el francés era la lengua que los médicos latinoamericanos consideraban universal y pensaban que procediendo así, sus escritos serían leídos por tener mayor difusión. En 1931, luego de ocho expediciones, el gobierno peruano apoyó la creación del Instituto de Biología y Fisiología Andina en la Facultad de Medicina de la Universidad de San Marcos, del cual Monge fue nombrado director en 1934, cargo que mantuvo hasta 1956. El nombre del Instituto adquirió la denominación de nacional, razón por la cual, Monge comenzó a recibir apoyo del Estado. Es así que el Instituto de Biología y Fisiología Andina estudiaba con claras tendencias nacionalistas, tanto los aspectos biológicos como los sociales del hombre de los Andes. Monge pensaba que los investigadores de los países pobres no debían buscar temas sofisticados, más bien concentrarse en áreas con características nacionales y naturales.

Durante los últimos años de su vida, fuera de las investigaciones fisiológicas, se dedicó con interés, a escribir acerca de la vida de los incas que habitaban en regiones de gran altitud así como otros temas de carácter antropológico.

Monge Medrano fue promotor de la ciencia en su país ya que llevó muchas novedades médicas y científicas a Perú durante el siglo XX. Aquellos que lo conocieron afirman que su trabajo se caracterizó por el rigor científico, así como por la búsqueda de mediciones exactas. También se dedicó a la reivindicación del hombre de los Andes a tal grado, que les consideraba como seres superiores. Esta fue la razón por la que él argumentaba en favor de la existencia de una biología andina que se distinguiera de la biología al nivel del mar. Así mismo, sostuvo que la adaptación a lugares de altura elevada era más una cuestión hereditaria.

Debido al trabajo y al esfuerzo que desarrolló como catedrático, investigador y médico en distintos hospitales fue distinguido por un sinnúmero de instituciones, ya fuesen educativas o médicas. Obtuvo diversas condecoraciones: la Orden de la Legión de Honor de Francia, la de Gran Oficial de la Orden del Sol en el Perú, Comendador de la Orden del Cóndor de los Andes en Bolivia, además del doctorado *Honoris Causa* que le otorgó la Universidad de Chicago.[11]

---

[11] A.C. Rodríguez de Romo. "Daniel Vergara-Lope and Carlos Monge Medrano: two pioneers of high altitude medicine" in *High altitude medicine and biology*. Vol. 3, núm. 3 (2002), pp. 299-309 y M. Cueto. "Monge Medrano Carlos" en *Dictionary of Medical Biography*; eds. W.F. Bynum y H. Bynum. 2007. Vol. 4, pp. 889-892.

El trabajo del peruano

Cuando en 1925, Carlos Monge Medrano leyó la obra de Joseph Barcroft, debe haber experimentado un sentimiento muy semejante al que tuvo Daniel Vergara-Lope, al enterarse de lo que decía Denis Jourdanet:

> con estupor leí la tesis de que el hombre en las alturas denota un déficit físico y mental respecto de los demás hombres, a la cual se agrega otra tesis, la de la inadaptación del hombre del llano a este ambiente. Conocimientos tan someros de la realidad así tan severamente enjuiciada me inducían a pensar en una tesis diferente.[12]

Con el propósito de probar que Barcroft estaba equivocado, en abril de 1927, Monge organizó una expedición científica a Cerro de Pasco. Las conclusiones del viaje proponían que existía una adaptación a la altura, determinada por mecanismos compensatorios fisiológicos como la hiperventilación, y anatómicos como el mayor volumen torácico. Mencionaba además, la existencia de la poliglobulia o eritremia que había apuntado Viault muchos años atrás.

En cuanto regresó de la expedición, Monge Medrano publicó sus resultados en forma de memoria en los *Anales de la Academia Nacional de Medicina de Perú*.[13]

---

[12] M. Cueto. *Excelencia científica en la periferia*. Lima, Perú: Grade / Concytec, 1989, p. 156.

[13] C. Monge. "La enfermedad de los Andes" en *AFM*. Núm. 14 (1928), pp. 1-134. Citado por M. Cueto. *Excelencia científica en la periferia…*

Monge enfatizó el rendimiento excepcional de los indígenas, pero también mencionó una situación nueva: la pérdida súbita de la tolerancia a la altura (síndrome que desde entonces se conoce como Enfermedad de Monge). En ese caso, el hematocrito era alto y los gases arteriales mostraban presión de oxígeno elevada y presión de bióxido de carbono disminuida con hipoventilación. Además se presentaba confusión mental, cefalea, somnolencia y fatiga. Este cuadro podía desaparecer al descender al nivel del mar, remedio muy difícil porque los nativos tenían sus casas en la altura, así que el padecimiento era hasta cierto punto común. Monge lo llamó Enfermedad de los Andes o Mal de Montaña Crónico.

La manera como construyó su propia carrera científica es muy interesante. Un ejemplo es el caso de un paciente que vio en 1925 y al que calificó como el "primer caso de policitemia encontrado en el Perú".[14] Inmediatamente lo publicó en el *Boletín de la Academia de Medicina de Lima*.[15] El hombre había estado en Cerro de Pasco desde 1909 y repentinamente había desarrollado dificultad para dormir, dolor muscular, ineficacia en sus actividades y epistaxis. Lo que más lo molestaba era el color púrpura de su piel, aunque lo más llamativo médicamente era su cuenta de eritrocitos (8.86, millones por milimeto cúbico) y su concentración de hemoglobina, 21.1 gramos por decilitro, Monge diagnosticó el caso como policitemia, conocida entonces como Enfermedad de Vaquez.

En 1929, Carlos Monge fue a París y logró que el mismo Henry Louis Vaquez comentara sus resultados en la Academia

[14] *Idem*, p. 208.
[15] C. Monge. *Sobre un caso de enfermedad de Vaquez*. Lima: Imprenta San Martín, 1925.

de Medicina. Vaquez dijo que el síndrome que describía el peruano era diferente al que llevaba su nombre y entonces propuso que esa nueva entidad se llamara Enfermedad de Monge.[16] En ese mismo 1929, la *Memoria* que Monge publicó un año antes se tradujo al francés. A partir de entonces, se usó el nombre de Enfermedad de Monge para referirse al síndrome de altura, similar en algunos aspectos a la Enfermedad de Vaquez. Monge Medrano nunca aclaró la confusión.

Probablemente en esa época ni él mismo tenía claro lo que sucedía. Entonces se pensaba que la policitemia era la Enfermedad de Vaquez y parece que el síndrome descrito por Monge y que el mismo Vaquez así entendió, fue la pérdida de adaptación a la altura en nativos que antes estaban bien.

Aquí es pertinente aclarar que la Policitemia Vera (roja o rubra) o Enfermedad de Vaquez-Osler, es un síndrome mieloproliferativo caracterizado por un incremento de eritrocitos o glóbulos rojos (hiperglobulia, poliglobulia o eritremia). Se manifiesta con dolor de cabeza, visión borrosa, parestesias y coloración rojiza o púrpura de las mucosas y la piel. Hay esplenomegalia y el incremento de eritrocitos puede llegar hasta diez millones por milímetro cúbico. La Enfermedad de Monge originalmente se refirió a la pérdida de adaptabilidad a la altura que algunos nativos presentaban sin causa aparente. La Enfermedad de Monge y la Enfermedad de Vaquez comparten la hiperglobulia pero su origen es diferente. Según Vergara-Lope una cosa era el Mal de Montaña que padecían aquellos que subían a la altura y que Monge describió, y otra muy diferente era vivir en altitud

---

[16] M. Cueto. *Excelencia científica en la periferia…*, p. 158.

permanentemente y entonces desarrollar policitemia. Para el peruano la Enfermedad de los Andes o Mal de Montaña era la pérdida de tolerancia a la altura y la adaptación era una cualidad hereditaria. Para el mexicano la adaptación era ambiental y paulatina, por esta razón los que ascienden bruscamente se sienten mal y a ese malestar él lo llamaba Mal de Montaña. Como Enfermedad de Monge, Vaquez se refirió a la pérdida de adaptabilidad a la altura y no a la policitemia que ya tenía su nombre.

Al igual que Vergara-Lope, Monge Medrano pensaba que el hombre andino debía ser redefinido en la altura y no con los parámetros generales a nivel del mar. Sin embargo, él fue más allá al proponer otra botánica y otra zoología, lo que llamó la Biología Andina, a ella pertenecía el "super-hombre andino", según él, "la raza de mayor rendimiento físico en el mundo".[17]

Participó en reuniones internacionales y se preocupó por publicar en revistas extranjeras prestigiosas como *Science* y *Physiological reviews*.[18] La Memoria de la Academia Nacional de Medicina de Perú de 1928 fue reseñada en cinco idiomas, en quince revistas extranjeras.[19] Los últimos años de su vida, más que dedicarse a la investigación fisiológica, escribió sobre antropología y la forma de vida de los incas en la altura.

---

[17] *Idem*. p. 160.

[18] J.B. West. *High Life. A history of high-altitude physiology and medicine.* Oxford: Oxford University Press, 1998, p. 209.

[19] *Idem*, p. 158.

Una reflexión

Las historias del médico peruano y del médico mexicano son muy semejantes, pero al mismo tiempo muy diferentes. ¿Por qué no fueron igualmente exitosos? Hablemos un poco de ambos.

En su mayoría, lo que aquí se menciona acerca de Carlos Monge Medrano proviene del libro *Excelencia científica en la periferia,* del historiador de la ciencia Marcos Cueto, quien amablemente nos lo hizo llegar.

El médico peruano fue de cuna modesta, su familia vivió en un área humilde del distrito de Rímac, en la provincia de Lima. La influencia familiar parece haber sido decisiva en su motivación de ser "alguien" y su propio testimonio valida la afirmación: "tenía un orgullo profundo que heredé de mi madre y prefería quedarme sin comer que pedir ayuda… tenía un afán de superación posiblemente trasunto de la admiración que tenía por los míos […] Yo no quería quedarme atrás y comencé un afán de buscar y adentrarme en todo lo que estaba a mi alcance".[20]

Se especializó en medicina tropical en Londres e hizo estudios clínicos en París.

Al regresar de la primera expedición a los Andes en 1927, Monge presentó sus resultados ante la Academia de Medicina de su país, publicó un trabajo y se volvió el primer promotor de la "nueva fisiología peruana". En 1929 viajó a París y después visitó Italia. En Francia el decano de la Facultad de Medicina de París le prologó su texto, *Les erythrèmies de l'altitude* (Paris, Masson, 1929), mismo que fue reseñado

[20] M. Cueto. *Excelencia científica en la periferia…,* p. 99.

en quince revistas diferentes en francés, inglés, alemán, español y polaco. En una carta a su hijo, le comentó que a partir de entonces comenzó a viajar en sentido contrario: "yo era el que se hacía escuchar".

En 1931 creó el Instituto de Biología Andina, dando así origen a los estudios de la fisiología de altura en Perú y empeñándose desde entonces en la realización de una "brigada científico cultural".

A los 47 años fue nombrado profesor principal en su Universidad, lo que significaba la obtención permanente de la cátedra, una forma de reconocimiento que en Perú se otorgaba a los científicos. En otras palabras: fue valorado en su medio y por sus pares. Haciendo nuestras las conclusiones de Marcos Cueto, quien ha estudiado a profundidad la élite científica de su país, Carlos Monge Medrano perteneció al grupo de los 32 científicos notables en Perú durante la primera mitad del siglo XX, siendo uno de los dos de origen social relativamente humilde.

El doctor Monge Medrano ocupó cargos de poder científico-político. Fue presidente de la Academia Nacional de Medicina en Perú (1933-1936), a través del Instituto de Biología Andina figuró internacionalmente al igual que por su desempeño en la OMS y la Unesco. También logró reconocimiento importantes como el doctorado *Honoris Causa* de la Universidad de Chicago y la membresía a la "American Physiolgical Society".

Probablemente Carlos Monge Medrano recibió apoyo del gobierno porque con su trabajo e ideas, se hizo cco del nacionalismo que vivió Perú en la década de los veintes y treintas del siglo XX. Pensó que había dado lugar a la creación de una nueva ciencia, la biología andina, y concibió al indígena peruano como una especie de superhombre (indigenismo científico). En esencia, el mexicano Daniel Vergara-Lope pensaba lo mismo, pero sin llegar a proponer ese superhombre o una biología del altiplano mexicano.

El Instituto de Biología Andina adquirió gran prestigio bajo la dirección de Monge, quien además supo fomentar el sentimiento de grupo. El médico peruano nunca abandonó la práctica privada, considerándose él mismo como clínico principalmente. No tenía un horario fijo de trabajo y sus actividades diarias eran muy variables. A partir de los cuarenta, se dedicó más al trabajo académico-administrativo y a la antropología. En 1948 logró que la Universidad de Johns Hopkins le publicara un libro histórico acerca de la adaptación a la altura de los grupos humanos que vivieron en Perú. Originalmente escrito en español, fue traducido al inglés por un profesor de lenguas romances y prologado por el rector, ambos de la misma Universidad. Además, se trató de una edición especial de la Johns Hopkins University Press y se distribuyó por la American Geographical Society. En esta obra Monge menciona en la página IX el libro de Herrera y Vergara-Lope de 1899,[21] lo que prueba que conocía la existencia del fisiólogo mexicano.

Cueto dice de Monge:

Tuvo especial capacidad para estar en contacto y obtener apoyo de los más variados círculos. Según una anécdota, Monge fue el médico de cabecera del Mariscal Benavides,

---

[21] C. Monge. *Acclimatization in the andes. Historical confirmations of "climatic aggression" in the development of andean man.* Baltimore: The Johns Hopkins Press, 1948, p. IX.

presidente de Perú de 1933 a 1945, al mismo tiempo que atendía a Víctor Raúl Haya de la Torre, el líder aprista que vivía en la clandestinidad perseguido por Benavides.

De excelente reputación, Carlos Monge tenía facilidad para relacionarse con diferentes tipos de personas, incluidos políticos, intelectuales y periodistas; estar en contacto con los círculos de poder, promocionarse y obtener apoyo. Supo reclutar jóvenes brillantes que envió a Estados Unidos y que continuaron su trabajo o desarrollaron sus propias líneas de investigación. Carismático, agradable, sociable, accesible, sin traicionarse a sí mismo, sabía mantenerse al margen de situaciones peligrosas. Me parece que gozaba de lo que ahora se califica como "inteligencia emocional".

Respecto al médico mexicano Daniel Vergara-Lope Escobar, no existe información publicada acerca de su vida. Perteneció a una familia educada y de posición privilegiada. Recordando el contexto de los que estudiaban una carrera universitaria en el siglo XIX mexicano, su situación fue más bien excepcional ya que su abuelo fue licenciado y su padre ingeniero. En el aspecto científico, en realidad no es tan desconocido, pues de un modo u otro, su nombre figura en revistas o periódicos y por diversas causas aparece en la historia de la medicina mexicana. Lo que se dice aquí es producto de la investigación en actas, oficios, cartas, informes, documentos, papeles de archivos en los que expresamente se buscó conocer de su persona. También fue muy valioso el testimonio de la esposa de uno de sus nietos, quien no lo conoció personalmente, pero escuchó hablar mucho de él.

Si existiera la mala suerte, quizá él sería una de sus víctimas, pues lo colocaba en situaciones resbalosas a las que no sabía rehuir, o quizá más bien no supo aprovechar la buena fortuna que en bastantes ocasiones le sonrió. En 1885, siendo estudiante de medicina, es detenido en una manifestación contra las nuevas leyes acerca del incremento de impuestos y lo expulsan de la Escuela Nacional de Medicina (ENM). Al año siguiente el mismo Porfirio Díaz intercede en su favor y lo reintegran a la Escuela. En 1890 hace su tesis en el Instituto Médico Nacional (IMN) y a partir de entonces es ayudante en el mismo Instituto. Con esta espléndida oportunidad, inicia una carrera aparentemente exitosa en el medio médico científico del México de entonces. Para 1899 gana el premio del Instituto Smithsoniano por la obra *La vie sur les hauts plateaux* e iniciaría una serie de viajes y congresos en el país y en el extranjero.

En 1908 el doctor Eduardo Armendáriz es nombrado jefe profesor de la sección tercera de Fisiología del IMN y al doctor Vergara-Lope se le reitera en su puesto de ayudante médico. Inmediatamente protesta y de forma no muy diplomática. Afirma que por sus servicios él debería ser el jefe, que el nuevo no tiene la competencia necesaria "como ya lo ha demostrado", que no es justo que su trabajo redunde a favor de Armendáriz y que en consecuencia, o renuncia, o si se le deja en su puesto, no hará ningún trabajo en apoyo de Armendáriz. Seis meses después, lo nombran jefe de la Sección de Fisiología, le asignan un ayudante médico y le dan otra jefatura al doctor Eduardo Armendáriz. Para 1910 dejó de percibir su salario de Jefe de Sección y al año siguiente su trabajo desapareció de los informes del IMN así como él mismo de la lista de personal. Al indagar la causa de la suspensión, se le contestó que todavía era jefe aunque no se le pagara, puesto que su nombramiento se había suprimido del año fiscal. Quizá la protesta de 1908 fue el inicio de su debacle y quizá también fue relevante la difícil situación por la que entonces pasaba el país.

Paralelamente a su desempeño en el IMN, el doctor Daniel Vergara-Lope siguió ejerciendo la medicina y en una ocasión atendió exitosamente a una nuera de Victoriano Huerta, quien en agradecimiento lo hizo diputado. Cuando el usurpador cayó y Venustiano Carranza tomó el poder, inmediatamente lo destituyó por exigirlo así la "necesidad de moralizar el espíritu público ya que [yo] formé parte del llamado congreso en tiempos de la usurpación". Nuestro personaje fue proscrito en todos los ámbitos y se mudó a Cuernavaca a inicios de 1915.

Al comienzo de los años treinta había logrado prestigio y dinero como uno de los cuatro médicos más reconocidos de esa ciudad y tenía un hospital, una casa de huéspedes y una farmacia. Ya con más de sesenta años de edad, conoció a una joven paciente. Según los familiares, esa relación provocó el suicidio de su esposa. Así se dieron las cosas para que Daniel tuviera la ocasión de casarse con la joven mujer, quien fallecería tiempo después. Ya con demencia senil, la familia política lo despojó de sus bienes y tuvo que regresar a la ciudad de México donde vivió con un hermano y después con su hija. El doctor falleció en 1938, desconocidos hicieron los trámites de rigor y fue enterrado en la tercera clase del Panteón Civil, siendo que su familia contaba con una cripta especial en el Panteón del Tepeyac. No hubo *in memoriams* ni pésames, como era la costumbre en los grupos científicos que frecuentaba. Sus arranques profesionales lo aislaron del mundo académico y sus avatares personales del familiar.

La lectura de cartas personales y documentos oficiales reflejan un científico apasionado, disciplinado, curioso, obsesivo, fervoroso seguidor del pensamiento de Claude Bernard, pero también un hombre poco tolerante o prudente, que no sabía expresar sus opiniones con diplomacia y de manera que, sin ser deshonesto consigo mismo, tampoco hiriera susceptibilidades y molestara.[22] No se distinguió por ser asertivo o conciliador y mucho menos saber aprovechar oportunidades, que no es lo mismo que ser oportunista. Su modo de pedir era implícitamente exigente, haciendo sentir los errores. Continuamente solicitaba rectificaciones en los escritos que relataban acciones donde él había intervenido.[23] Decisiones equivocadas, pasiones humanas, intereses ajenos, eventos políticos, pero sobre todo una personalidad complicada condicionaron su destino. Curiosamente, Daniel Vergara-Lope tenía la habilidad de involucrarse en situaciones difíciles y aunque varias veces la vida le ofreció la solución a la par que sufría el problema, en su última caída, ya no le dio la mano para levantarse.

Daniel Vergara-Lope fue el precursor de los estudios de altura en América Latina. Abordó el problema en el marco del más estricto proceder científico y obtuvo resultados originales. Carlos Monge Medrano "volvió a encontrar" lo que Vergara-Lope describió mucho antes y en un proceder pragmático e inteligente, aprovechó las circunstancias de su país

---

[22] A.C. Rodríguez de Romo y L. Cházaro. *Daniel Vergara-Lope: Ciencia y Adversidad en la 'Montaña mágica'.* Premio "Vidas para leerlas" patrocinado por el Consejo Nacional para la Cultura y las Artes y el Fonca, 1998.

[23] Por ejemplo, en su expediente de miembro en la Academia Nacional de Medicina, abundan peticiones a diversas personalidades, acerca de precisiones sobre situaciones pasadas difíciles.

y sus cualidades personales, pasando a la historia como el pionero de la fisiología de las alturas.

La fisiología cardiorespiratoria despertó el interés de los estudiosos en diferentes zonas del mundo al finalizar el siglo XIX e inicios del XX. En México y Perú los protagonistas fueron médicos que vivieron épocas muy similares aunque desfasadas cronológicamente. En los dos países existía un ferviente movimiento nacionalista y que mejor que la ciencia para resaltar lo propio, lo único, lo valioso. En Perú, la mitad de la población vive entre 3 000 y 5 000 metros de altura sobre el nivel del mar, un instituto para el estudio de los fenómenos de altura podía ser de utilidad económica, por ejemplo, Joseph Barcroft trabajó en Morococha porque ahí estaba el distrito minero más importante explotado por la Compañia Apasco Copper Corporation.[24] Denis Jourdanet vino a México en una expedición científica porque el gobierno francés estaba interesado en saber sobre la aclimatación de sus tropas antes de la invasión. Cuando Vergara-Lope y Monge tomaron el problema, los dos pensaron en un hombre superior con un rendimiento excepcional, los factores sociales e históricos fueron determinantes en el sino de sus investigaciones, así como su respectiva personalidad.

En el porfiriato no existió un interés genuino ni de grupo por la investigación, si bien Porfirio Díaz apoyó a la ciencia, lo hizo sin establecer un programa sólido a largo plazo en beneficio del país. La ciencia estaba basada en una ideología y esa posición la llevó al fracaso.

---

[24] M. Cueto. "Entre la teoría y la técnica. Los inicios de la fisiología de altura en el Perú" en *Bulletin Institute Études Andines*. Vol. 19, núm. 2 (1999), pp. 431-441. Véase M. Cueto. *Excelencia científica en la periferia…*, p. 155.

En el caso peruano se combinaron muy bien dos circunstancias, la forma de ser de Carlos Monge que le permitió hacer algo por su país, al mismo tiempo que se promocionaba a sí mismo y la importancia minera de Perú, que le facilitó a Monge conseguir dinero extranjero para la investigación.

IV

¿Neuronismo o reticularismo?: Santiago Ramón y Cajal y Camillo Golgi

E N LA SEGUNDA MITAD del siglo XIX, el microscopio alcanzó un considerable grado de sofisticación y progreso, lo que permitió un mejor abordaje y estudio de aquellos procesos o situaciones inherentes al cuerpo humano y que no podían ser observados a simple vista. Gracias a ese instrumento, en el primer tercio del siglo XIX, Mathias J. Schleiden y Theodor Schwann propusieron la Teoría Celular, cuyo principio postulaba que las células eran unidades autónomas desde el punto de vista anatómico y fisiológico. En 1859, Rudolph Virchow publicó su *Patología celular* donde propone que la enfermedad podía afectar sólo algunas células de un órgano determinado, ya que éstas eran entidades independientes.[1] Sin embargo, respecto al sistema nervioso,

---

[1] P. Laín Entralgo. *Historia de la medicina*. Barcelona: Salvat, 1978, pp. 474, 491-511.

poco se había avanzado pues no existían las estrategias adecuadas para el estudio histológico de sus células. Las técnicas de la época no permitían visualizar las neuronas y hacían pensar que se trataba de una malla continua sin individualidad celular y no posibilitaban conocer la relación de una célula nerviosa con sus vecinas, ni tampoco definir su estructura.[2] No existía una noción, cuando menos aceptable, de cómo la respuesta a un estímulo sensorial era transmitida por una fibra motora.

En este contexto, las aportaciones científicas del italiano Camillo Golgi (1843-1926) y del español Santiago Ramón y Cajal (1852-1934) al conocimiento del tejido nervioso, les otorgaron un sitio especial en la historia universal de la medicina. En 1906 ambos ganaron el Premio Nobel en Medicina en reconocimiento a su "trabajo en la anatomía del sistema nervioso".[3] En la historia del máximo galardón que el mundo otorga a los científicos, éste ha sido uno de los más controvertidos, no por motivos relativos al conocimiento en si o por dudas sobre los méritos de los premiados. Fueron los mismos recipiendarios los protagonistas de una controversia provocada por la forma como cada uno de ellos percibía su propia aportación. Para Golgi, la reacción que descubrió revelaba que el tejido nervioso era continuo, para Cajal evidenciaba la individualidad de las células nerviosas. Este último expresó su posición de forma ponderada, en cambio, Golgi siempre manifestó

---

[2] W. Bynum and R. Porter. *Companion Encyclopedia of the History of Medicine*. London, New York: Routledge, 1993. Vol. 1, p. 142.

[3] *Nobel lectures. Physiology or medicine, 1901-1990*; pres.speech by professor the Count K. A. H. Mörner.

malestar que incluso permeó en su discurso de recepción. Esta conducta afectó su reputación e incluso se le ha ridiculizado como el campeón de la "falsa" teoría, la "nueva verdad" que descubrió su colega español.[4]

[4] P. Mazzarello. "The hidden structure: a scientific biography of Camillo Golgi"; rev. L. Bossil in *Journal of the history of neurosciences*. Vol. 10, no. 3 (2001), p. 327.

CAMILLO GOLGI
(1843-1926)

Camillo Golgi. Imagen tomada de Photo
gallery. Nobelprize.org. Nobel Media AB
2014 en www.nobelprize.org/nobel_prizes/
medicine/laureates/1906/golgi-photo.html

F UE EL TERCERO DE CUATRO hijos, nació en Corteno, al
norte de Italia el 7 de julio de 1843 y falleció en Pavia,
el 21 de enero de 1926. Su padre era médico y él estudió la
misma profesión en la Universidad de Pavia. En 1865 se
graduó con una tesis acerca de la etiología de las enajenacio-
nes mentales y continuó trabajando también en Pavia, en el
Hospital de San Mateo. Pronto se convirtió en asistente del
hospital psiquiátrico cuyo director era Cesar Lombroso y
publicó un trabajo (1869) acerca de la posible influencia de
las lesiones de los centros nerviosos en la génesis de las enfermedades mentales. En su tiempo libre, Golgi visitaba el
Instituto de Patología General que dirigía Giulio Bizzozero,
entonces el líder de la medicina experimental italiana. A
pesar de ser tres años más joven, Bizzozero transmitió a Golgi
la pasión por la investigación histológica y se convirtió en su
maestro. En 1872, Golgi obtuvo la plaza de médico en jefe
del hospital para enfermos crónicos en Abbiategrasso y en la
cocina de su casa, montó un pequeño laboratorio donde

inició su investigación acerca de una nueva técnica de tinción del tejido nervioso. Un año después, encontró una reacción nueva para demostrar las estructuras del estroma intersticial de la corteza cerebral, que consistía en añadir nitrato de plata a las muestras de cerebro endurecido en bicromato potásico. Se trataba de la famosa "reazione nera" o reacción cromoargéntica que revolucionaría la neuroanatomía de finales del siglo XIX.

En 1876 Golgi regresó a la Universidad de Pavia como profesor extraordinario de histología, se casó con Donna Lina Aletti, sobrina de su maestro Bizzozero y se estableció definitivamente en Pavia. La pareja no tuvo hijos biológicos y adoptaron a un niño. En 1881 obtuvo la silla de patología general en sustitución de Bizzozero. Para 1884 publicó *Sulla fina anatomia degli organi centrali del sistema nervoso* que recogía la mayor parte de sus investigaciones neuroanatómicas.

El médico italiano fue un investigador muy prolífico que no se dedicó únicamente al estudio del sistema nervioso, por ejemplo, sus aportaciones a la mejor comprensión de la patología de la malaria permitieron proponer la asociación entre las diferentes formas del parásito y los periodos febriles de la enfermedad. Después de prolongados estudios, en 1890 encontró la manera de fotografiar las fases parasitarias más características. También descubrió la relación entre el polo vascular del glomérulo de Malpighi y el tubo distal, fenómeno involucrado con la regulación de la presión arterial; los denominados Corpúsculos de Golgi, pequeñas estructuras en los tendones y los llamados túmulos de Müller-Golgi que corresponden a los canalículos de las células parietales en el estómago.

Golgi era profundamente nacionalista, sentimiento que en la medida de sus posibilidades demostró durante la Primera Guerra Mundial, asumiendo la responsabilidad del hospital militar Collegio Borromeo de Pavia. Ahí creó un centro para el estudio y tratamiento de las lesiones nerviosas periféricas y la rehabilitación de los heridos.

Camillo Golgi tenía la reputación de magnífico maestro, su laboratorio siempre estaba abierto a cualquiera interesado en la investigación. También en su laboratorio Aldechi Negri descubrió las inclusiones intraneuronales que llevan su nombre y que permiten el diagnóstico histopatológico de la rabia, Emilio Veratti el retículo sarcoplásmico del músculo esquelético y Aldo Perroncito las fases de regeneración nerviosa.

Golgi fue director de la Facultad de Medicina del Departamento de Patología General en el Hospital de San Mateo, fundó y dirigió el Instituto Seroterápico de Pavia, fue rector de la Universidad de Pavia. Tomó parte activa en la vida pública de su país, se preocupaba por la salud pública y fue Senador de Italia en 1900. Recibió muchos honores, distinciones y grados académicos.[5]

Golgi y su reacción

El descubrimiento de Camillo Golgi contribuyó de modo relevante al progreso en el conocimiento de la organización

---

[5] Paolo Mazzarello. "Camillo Golgi's scientific biography" in *Journal of the History of Neurosciences*. No. 8 (1999), pp. 121-131; y P. Mazzarello. *The hidden structure: a scientific biography of Camillo Golgi*. Oxford: Oxford University Press, 2003.

estructural del sistema nervioso. En su laboratorio casero, Golgi inventó un método de tinción histológica que le permitió colorear selectivamente las células o las fibras nerviosas, la llamó *reazione nera* debido al color tan oscuro que tenía.[6] Previo endurecimiento de las muestras con bicromato de potasio o de amonio, se sumergían por periodos prolongados en una solución de nitrato de plata al 0.5 o 1%. Un control riguroso de diferentes tiempos del proceso de endurecimiento en el bicromato permitía teñir selectivamente los diferentes elementos celulares; las dendritas, el cuerpo o el axón. La gran ventaja de esta técnica, es que el precipitado de cromato de plata tiñe las células, lo que permite delimitarlas y seguir sus más delicadas ramificaciones.

Golgi tenía 30 años cuando descubrió su reacción (1873) y empezó a publicar las observaciones que había hecho con su técnica acerca de la anatomía fina de la materia gris del cerebro, del cerebelo, de los lóbulos olfatorios, etcétera. Apoyándose en sus observaciones con su *reazione nera*, postuló la "Teoría Reticular" que sostenía que el sistema nervioso estaba formado por fibras nerviosas en forma de una compleja red *(rete nervosa diffusa)* en la que el impulso nervioso se propagaba sin interrupción. El médico italiano interpretó la estructura del sistema nervioso de un modo que no estaba de acuerdo con la entonces innovadora Teoría Celular y propuso que esa fina red era el órgano mediador que conectaba las diferentes partes del sistema nervioso.

Camillo fue un investigador prolífico y sus aportaciones a la mejor comprensión del sistema nervioso se resumen en

[6] C. Golgi. "Sulla structura della sostanza grigia del cervello" in *Gazzeta medica italiana*. Lombardia. Vol. 33, no. 2 (1873), pp. 44-246.

las siguientes: 1) Encontró las células gliales y su relación con los vasos sanguíneos; 2) Descubrió numerosas estructuras sostenidas por mielina a lo largo de las fibras nerviosas; 3) Definió dos tipos de células nerviosas que ahora se conocen como neuronas Golgi tipo I o "neuronas de proyección" que son motoras y neuronas Golgi tipo II o "interneuronas" que son sensoriales; 4) Propuso la existencia de cuerpos terminales especiales (órganos tendinosos de Golgi) de naturaleza sensitiva en los tendones musculares y cuya existencia se ha confirmado recientemente y 5) Describió en el citoplasma de la célula nerviosa, el organelo que él llamó "aparato reticular interno" y que ahora se conoce como Aparato de Golgi.[7] Esta estructura es fundamental para el metabolismo celular, particularmente de las proteínas. La existencia del Aparato de Golgi se comprobó a mediados de los años cincuenta, gracias al microscopio electrónico.

La Teoría Reticular que Golgi formuló de acuerdo a sus observaciones y descubrimientos, se apoya en la idea de que la función de los axones es la transmisión de los impulsos nerviosos, mientras que las dendritas sólo tienen función trófica.

[7] *Dictionnary of scientific biography.* New York: Scribner's. Vol. 5 (1973), pp. 459-461.

SANTIAGO RAMÓN Y CAJAL
(1852-1934)

DON SANTIAGO NACIÓ EN PETILLA de Aragón, al noreste de España el primero de mayo de 1852 y murió en Madrid el 17 de octubre de 1934. Sus padres fueron Justo Ramón y Antonia Cajal. Su padre era el cirujano del pueblo y siendo su hijo rebelde, en un principio trató de darle un oficio, zapatero o barbero, pero el joven decidió que quería ser artista puesto que tenía gusto y talento especial para el dibujo. También se interesó de manera muy seria en la fotografía e incluso llegó a tener un estudio fotográfico en Madrid. De hecho, los principios de esa actividad, fueron los mismos que entonces se aplicaron para el estudio del tejido nervioso mediante las técnicas de impregnación de sales de oro, plata y mercurio. Finalmente, Santiago Ramón y Cajal se matriculó en la Escuela de Medicina de Zaragoza, no dejó de pintar y también se interesó en la filosofía y las actividades físicas, revelándose más bien como un joven tímido y solitario. Su padre le enseñó osteología y a decir de él mismo, "a percibir accidentes y detalles en lo que parece corriente y uniforme".[8]

Ramón y Cajal se graduó de médico en 1873, poco después se enroló en la armada y fue enviado a Cuba como oficial médico. Regresó muy enfermo a España, pues en Cuba había contraído malaria y tuberculosis. A finales de 1875 inició su carrera académica como auxiliar de profesor en anatomía en la Universidad de Zaragoza. Poco tiempo después compró un viejo microscopio e inició su carrera científica. Sus primeros estudios fueron acerca de la inflamación y la estructura de la fibra muscular. A diferencia de otros científicos, no inició su vida científica bajo la dirección de algún distinguido investigador, puede decirse que fue autodidacta.

En 1879 obtuvo la plaza de director de los museos de anatomía de Zaragoza. En 1880 se casó con Silveria Fañanas García y tuvo siete hijos. El matrimonio resultó exitoso, Silveria fue de gran ayuda y apoyo constante, estimuló su trabajo y se reveló como una excelente administradora, considerando la numerosa familia y que con frecuencia Ramón y Cajal, usaba su salario en la compra de material para el laboratorio.

En 1883 obtuvo la silla de Anatomía en Valencia y el mismo año el gobierno de Zaragoza le regaló un microscopio Zeiss en reconocimiento a su labor durante la epidemia de cólera. Para 1887 aceptó la silla de Histología y Anatomía y Patológica en la Universidad de Barcelona y en 1892 fue nombrado profesor de Anatomía Patológica en la Universidad

---

[8] F. Álvarez Leffmans. *Las neuronas de don Santiago*. México: Conaculta / Pangea, 1994, p. 46.

de Madrid, donde permaneció hasta su muerte. Cuando todavía radicaba en Barcelona, viajó a Berlín para mostrar sus preparaciones en el Congreso de la Sociedad Alemana de Anatomía. Cajal obtuvo el reconocimiento de los más prestigiosos profesores, entre ellos Rudolf A. von Kölliker.

El Instituto Nacional de Higiene Alfonso XIII se creó en 1900 y Ramón y Cajal fue su primer director. En 1904 publicó *Textura del sistema nervioso del hombre y los vertebrados*.

Santiago Ramón y Cajal fue un hombre extraordinariamente productivo y un consumado fotógrafo. Además de sus obras científicas, escribió varios libros que con placer pueden ser leídos por el público en general, mencionemos por ejemplo, *Reglas y consejos sobre investigación científica; Los tónicos de la voluntad; Recuerdos de mi vida; Charlas de café* o *El mundo visto a los ochenta años*.

La comunión con su trabajo científico era tan estrecha, que se expresaba de las neuronas como si fueran personas, de esta actitud Charles Sherrington decía: "escuchándolo me preguntaba hasta qué punto su aptitud para representar los hechos al estilo antropomórfico habría contribuido a su éxito como investigador. Jamás encontré a nadie que poseyera esta capacidad en tan alto grado".[9]

Al igual que Golgi, también recibió diversos honores y distinciones en vida.[10] Describir su trabajo no es fácil porque hizo múltiples y muy importantes contribuciones al conocimiento de la organización del sistema nervioso.

[9] *Idem*, p. 64.
[10] D. Cannon. *Ramón y Cajal*. Madrid: Grijalbo, 1965; y Buño Washington. *Ramón y Cajal*. Argentina: Centro Editor de América Latina, 1968.

Ramón y Cajal y sus investigaciones

Adaptó el método de Golgi a la tinción de porciones grandes de tejido embrionario en lugar de tejido adulto, además lo mejoró bastante al introducir en el proceso nitrato de plata reducido, su experiencia como fotógrafo le fue muy útil para pensar en esas modificaciones. También adoptó el método de Ehrlich de azul de metileno; estas metodologías le permitieron estudiar diferentes estructuras del sistema nervioso desde la corteza, hasta el cerebelo en diversos tipos de animales, incluido el hombre. Ramón y Cajal fue el primero en establecer que los axones terminan de diferentes formas en la materia gris del sistema nervioso, pero siempre de modo independiente y no como una red que establece continuidad con la parte terminal de otros axones.[11] En otras palabras; el investigador español propuso la Teoría Neuronal que correctamente interpretaba al sistema nervioso como formado por células sin prosecución citoplásmica y con autonomía anatómica y fisiológica. Ya Wilhelm Waldeyer en 1891 había creado el nombre "neurona", imaginando que las células nerviosas eran unidades independientes, pero no había proporcionado fundamentos experimentarles para apoyar su propuesta.[12]

La idea de Santiago Ramón y Cajal revolucionó la ciencia porque quedaba confirmado que todas las células, sin excepción, son estructuras individuales. Entonces la mayoría de los estudiosos eran partidarios de la Teoría Reticular, así

[11] E. Frixione. *De motu propio, una historia de la fisiología del movimiento.* México: Siglo XXI, 2000, pp. 140-141.
[12] *Dictionary of scientific biography...,* Vol. 11, pp. 273-276.

que la revolución epistémica provocada por la Teoría Celular tenía todavía un punto débil en las células nerviosas. La Teoría Neuronal permitía imaginar múltiples vías funcionales ya que podía existir una variedad infinita de contactos entre las células y formular conceptos de localización cerebral con fundamento histológico.[13]

Ramón y Cajal también definió la Ley de la Polarización Unidireccional al postular que la transmisión del impulso nervioso proviene de las dendritas y el cuerpo, y viaja hacia el axón. Es decir, las células nerviosas están polarizadas porque es el cuerpo y las dendritas quienes reciben la información y el axón quien la conduce a distancia.

Clasificó neuronas de acuerdo a la forma y a la dirección de las fibras neuronales.

En 1904 publicó *Textura del sistema nervioso de los hombres y de los vertebrados*. Contiene los fundamentos histológicos y citológicos de la moderna neurología, con una detallada descripción de la organización nerviosa celular en el sistema nervioso central y periférico del hombre y muy diversos animales. El libro está maravillosamente ilustrado con imágenes que en la actualidad se siguen usando.[14] Sin embargo, el mismo Santiago Ramón y Cajal apuntaba que su teoría no es la última verdad, es sólo el antecedente para contestar las tres grandes preguntas que seguían haciendo del sistema nervioso la gran incógnita: ¿cómo trabajan las células nerviosas al ser entidades individuales?, ¿cuál es el significado

---

[13] G. Sheperd. *Foundations of the neuron doctrine*. New York: Oxford University Press, 1990.

[14] S. Ramón y Cajal. *Histologie du système nerveux de l'homme et des vértebrés*. Madrid: Consejo Superior de Investigaciones Científicas, 1972. 2 t.

funcional de esa individualidad? y desde el punto de vista filogenético y ontogenético, ¿cuál es el proceso físico-químico por el que llegaron a ese estado?

También dirigió su atención al problema de la degeneración traumática y la regeneración de las estructuras nerviosas. Propuso que las terminaciones periféricas degeneradas del axón cortado, se restauraban en continuidad estructural y funcional con las células nerviosas. Don Santiago pensaba que las fibras regeneradas resultaban del "retoño" del cilindro eje cortado que pertenecía a la célula. En 1913-1914 publicó estas ideas en el libro *Estudios sobre la degeneración y regeneración del sistema nervioso.*[15]

Por la misma época descubrió el método de oro sublimado para teñir la neuroglia que Virchow había descrito. Esto abriría la puerta al conocimiento de algunos cánceres del sistema nervioso.

Santiago Ramón y Cajal y Camillo Golgi compartieron el Premio Nobel por sus estudios en el sistema nervioso; curiosamente sus posiciones científicas eran contrarias y nunca se congraciaron, diferencia que llega a su cumbre en la entrega del máximo galardón científico. Es muy ilustrativo leer los discursos de los dos científicos cuando recibieron el Nobel, ya que muestran la visión de ellos mismos sobre su propio trabajo. Ambos lo ofrecieron en francés. Si bien poco después de la ceremonia la Fundación Nobel publicó los discursos en la lengua en la que se dictaron, no fue posible acceder a la versión original, así que aquí se

---

[15] S. Ramón y Cajal. *Estudios sobre la degeneración y regeneración del sistema nervioso. Obra fundamental sobre el tema.* Madrid: 1913-1914.

trabajó con los textos que la misma Fundación tradujo al inglés. La traducción al español es mía.

Los dos escritos son bastante extensos, tienen abundantes ilustraciones, se puede pensar que fueron preparados por los laureados para publicación y no corresponderían a lo que cada uno dijo en realidad.

El discurso de Camillo Golgi

El primero en ofrecer su Lectura Nobel fue Camillo Golgi el 11 de diciembre de 1906. Santiago Ramón y Cajal la hizo al día siguiente. Golgi tituló su trabajo "La Doctrine du Neurone; théorie et faits" y en lugar de introducir sus propios méritos, empieza diciendo que aunque es opuesto a la Teoría Neuronal, será el tema de su trabajo porque sus propias investigaciones fueron el antecedente. En su lectura Golgi describe sus aportaciones y ataca las tres grandes ideas de Cajal: la Teoría Neuronal, el concepto de polarización y la idea del origen de las células nerviosas. El texto publicado tiene 28 páginas, de las cuales 18 dedica a discutir, según él, la falsedad de la Teoría Neuronal: "el tema, todavía es muy importante a pesar de sus signos de decadencia; pero más que eso, es muy real para la mayoría de los fisiólogos, anatomistas y patólogos que todavía apoyan la Teoria Neuronal y hasta ahora ningún clínico podría pensar suficientemente si no aceptará sus ideas como artículos de fe".[16]

[16] "The neuron doctrine, theory and facts nobel lectures including presentation speeches and laureates' biographies" in *Nobel Lectures, Physiology or medicine 1901-1921.* Amsterdam: Elsevier Publishing Company, 1967.

A continuación de este agudo párrafo, dice que prefiere usar el término célula nerviosa en lugar de la palabra neurona, porque significaría darle un sentido diferente al que originalmente le atribuyó su autor, que con este nombre se refería a un cuerpo celular, un gran organismo elemental independiente que no está unido a otros, es más bien vecino. También apunta que cuando surgió la idea de que las células nerviosas eran elementos independientes, él ya llevaba mucho tiempo trabajando con su tinción negra y que: "durante casi diez años había logrado resultados mucho mejores en términos de claridad que esos que habían atraído la atención en otro lado".[17]

Después disgrega, sin necesidad, sobre conceptos ya de todos aceptados y apunta que la Teoría de la Polarización es el arco reflejo que evita a la célula, que no es parte esencial de la Teoría Neuronal y que su autor (no menciona el nombre) lo ha modificado sucesivamente, además de que no es posible analizarla fisiológicamente.[18] Sin embargo, enseguida señala admitir la brillantez de esa teoría que es "valioso producto del elevado intelecto de mi ilustre colega español". Pero en general, lo que más lo ocupa es discutir la Teoría Neuronal.

Camillo Golgi dice que "cuando la Teoría Neuronal hizo su entrada triunfal a la escena científica", a él le resultaba imposible aceptarla porque estaba en oposición a un hecho anatómico concreto que había visto; la existencia de una red nerviosa difusa, "la cual no dudé en llamar órgano nervioso,

---

[17] *Idem.*
[18] *Idem*, pp. 191-214.

debido a que claramente eso significaba para mí la manera como estaba compuesta".[19]

Ofrece varios argumentos experimentales en contra de la Teoría Neuronal y su texto se hace muy repetitivo: "reconocí la existencia de esta red algunos años antes que la Teoría Neuronal hiciera su aparición triunfal en la escena científica. Lo que encontré es un verdadero órgano nervioso, con diferencias detalladas en todas las capas de la materia gris del sistema nervioso central".[20] Además, "el hecho de que todas las partes del sistema nervioso central hagan parte de él, prueba la continuidad anatómica y funcional entre las células nerviosas".[21]

También señala que no es posible establecer el origen de las células nerviosas que según él, emanan directamente de los neuroblastos y que Cajal considera unidades independiente,[22] porque no puede probar lo contrario. Al respecto concluye la dificultad de afirmar la validez acerca de lo que entonces se creía del origen de las células nerviosas y que en consecuencia pudiera usarse para apoyar la idea de independencia embriológica de la célula nerviosa.

Con todo y estas opiniones tajantes, el discurso de Golgi es confuso y contradictorio. Por un lado, asume que en el estado de la ciencia de su tiempo se puede suponer que las células son independientes porque no es posible probar que tienen "conexiones íntimas",[23] pero por otro, acepta que por

---

[19] *Idem*, p. 193.
[20] *Idem*, p. 200.
[21] *Idem*, p. 202.
[22] *Idem*, p. 193.
[23] *Idem*, p. 194.

la manera como su método las tiñe, es normal que se haya pensado que son independientes.[24]

Un argumento más que proporciona a favor de su creencia en un órgano nervioso es lo que llama procesos protoplásmicos, cuyas funciones son las mismas de la "sustancia celular",[25] pero que él mismo señala, también han sido entendidos erróneamente.

En la discusión de sus propios resultados, el profesor italiano describe con detalle los grupos de células nerviosas que observó, sus diversos tipos de fibras y especula sobre una posible función. Subraya que esas observaciones lo condicionan aún más a pensar en una red nerviosa, en un "órgano verdadero", en una "entidad anatómica"[26] totalmente diferente. Y expresa una idea que explicaría su convicción de la existencia de una red. Golgi escribe que en todo el sistema nervioso observó la misma disposición, lo que prueba la continuidad anatómica y funcional de las células nerviosas.

Aunque los menciona, no otorga demasiada importancia a los "resultados colaterales" de otros investigadores, que para él no ofrecen pruebas experimentales aceptables de sus afirmaciones respecto a la red nerviosa.

Es claro que entonces había muchos estudiosos del sistema nervioso, pues Camillo Golgi toma algunas ideas para discutir resultados de sus colegas. En esa línea contradictoria, dice por ejemplo, que el método de Cajal demuestra la estructura

[24] *Idem*, p. 195.
[25] *Idem*, p. 206.
[26] *Idem*, p. 201.

fibrilar de modo tan preciso, que uno puede ver cómo se comportan las fibrillas en los cuerpos celulares.[27]

Para él, no hay condiciones anatómicas necesarias que den sustento a la concepción fisiológica de localización. Las fibras nerviosas entrando y saliendo de la periferia, tendrían una conexión íntima y directa con los centros de distribución de las mismas fibras, más bien que con aquellos centros cercanos o lejanos, con los que de todas formas están relacionadas. La función específica del sistema nervioso central no está asociada con la característica organización de los centros nerviosos, sino con la especificidad de los órganos periféricos destinados a recibir y a transmitir impulsos. Lo anterior apoya el argumento de que las células nerviosas no son independientes, en lugar de trabajar de forma individual, lo hacen juntas. A continuación de lo anterior, Camillo Golgi dice: "No puedo abandonar la idea de acción unitaria del sistema nervioso".[28] Su discurso no deja de ser contradictorio.

Golgi concluye diciendo que los recientes resultados producidos por las técnicas modernas, habían abierto nuevos horizontes al estudio detallado de la estructura celular y que en primer lugar se encontraban los métodos de Santiago Ramón y Cajal:

aunque estos métodos han producido resultados maravillosos, no hay acuerdo entre ellos, así que nosotros pensamos que quizá representan caminos convergentes hacia un objetivo común y que un día llevarán a desentrañar el misterio

---

[27] *Idem*, p. 213.
[28] *Idem*, p. 216.

que rodea a la célula nerviosa, pero hasta este momento, debemos entender que esos caminos todavía no se unen.[29]

Sus palabras finales, más bien deben leerse entre líneas:

no dudo en atribuir esta suprema distinción a mi mérito personal y no directamente a mi trabajo, no obstante paciente y constantemente dirigido en la vía de la investigación científica, pero permítanme creer que ha sido otorgado al merecido reconocimiento del trabajo cumplido por todos aquellos quienes obtuvieron de mis estudios un impulso rico en buenos resultados.[30]

Las palabras de Santiago Ramón y Cajal

Lo primero que llama la atención en el texto "Les structures et connexions des neurones", de Santiago Ramón y Cajal es el formato didáctico y la claridad de las ideas. El mismo señala que en la presentación se valió de grandes planchas con dibujos para ilustrar su pensamiento. Con sencillez, empieza explicando que va a hablar de su trabajo científico en el campo de la histología y la fisiología del sistema nervioso. Al igual que el de Camillo Golgi, el escrito está abundantemente ilustrado. Inmediatamente entra en materia diciendo que las células nerviosas son unidades morfológicas y que para referirse a ellas va a usar la palabra neurona que

[29] *Idem*, p. 208.
[30] *Idem*, p. 217.

acuñó el profesor Waldeyer; que estos elementos nerviosos tienen relaciones recíprocas de *contigüidad* y no de *continuidad* (las cursivas son de él).[31] Para estudiarlas empleó el método de Golgi y confirmó el contacto, más o menos estrecho, que siempre se presenta entre las arborizaciones nerviosas, las ramificaciones, el cuerpo y los procesos protoplásmicos. Además apunta que existe una especie de cemento granular o sustancia conductora especial que mantiene las superficies de las neuronas en contacto íntimo.

Cajal proporciona los siguientes argumentos comunes en favor de su Teoría Neuronal y de la polarización dinámica de las neuronas: La corriente nerviosa se transmite de un elemento a otro por una forma de inducción o influencia a distancia, lo que justifica la existencia de ramificaciones que aumentan los contactos (lo anterior sería imposible con el reticularismo). El impulso nervioso es hacia el cuerpo o el axón, mientras que sale del cuerpo por el axón. Este proceso se llama "polarización dinámica de las neuronas". El cuerpo celular, las dendritas y el cilindro eje tienen capacidad conductora:[32] "nunca encontré un solo hecho contrario a estas aserciones durante 25 años de trabajo continuo en casi todos los órganos del sistema nervioso de un gran número de especies animales".[33] Aquí nombra un largo número de colegas que coinciden con esta opinión.

Don Santiago no sólo usa la palabra neurona, también interneurona o motoneurona. Los términos aparecen en los múltiples argumentos experimentales que ofrece para apoyar su teoría. De la misma manera señala desde el inicio, que va

[31] *Idem*, p. 220.
[32] *Idem*, p. 221.
[33] *Idem*.

a revisar las observaciones principales de las que dependen sus deducciones. Apunta que en su trabajo son indispensables las técnicas de Golgi, Cox, Ehrlich y su propio método neurofibrilar; siendo fundamental el método de nitrato de plata reducido, que él mismo adaptó para ver las dendritas cortas. Las menciones a los trabajos de otros autores son abundantes, así como los datos experimentales en soporte a su Teoría Neuronal.

Para él, ejemplos contundentes de conexiones interneurales se presentan en las raíces sensitivas de la médula espinal, múltiples situaciones sumamente complejas y magníficamente ilustradas. También muestra las conexiones de las fibras visuales y las células de la retina que se ven con claridad y simpleza. Igual enseña las conexiones entre los granos y las células de Purkinje y explica las conexiones extrínsecas e intrínsecas. Las colaterales recurrentes son importantes, pues asocian como conjunto dinámico neuronas de la misma clase, en la misma área de la materia gris:[34] "[hay] ejemplos muy convincentes de la articulación neuronal en otros centros nerviosos como el bulbo olfatorio, la corteza cerebral, el tálamo óptico, los ganglios sensoriales y simpáticos".[35]

Ramón y Cajal describe en su discurso una gran variedad de situaciones celulares muy sutiles que él interpreta obedeciendo a su Teoría Neuronal. Su abordaje cuidadoso está fuera de los objetivos de este libro, pero sin ahondar en detalles es notorio que su trabajo es una obra de argumentación científica en apoyo a la individualidad de las células

[34] *Idem*, pp. 227-229.
[35] *Idem*, p. 230.

nerviosas, sin pasiones evidentes y más bien inclinada a la reflexión:

> es verdad, sería muy conveniente y muy económico desde el punto de vista del esfuerzo analítico, si todos los centros nerviosos estuvieran hechos de una red intermediaria continua entre los nervios motores y los nervios sensitivos y sensoriales. Desafortunadamente, la naturaleza parece no percibir nuestra necesidad intelectual de conveniencia y unidad, y muy seguido se deleita en la complicación y la diversidad.[36]

Es muy ilustrativo repetir las siguientes ideas de don Santiago.

> la irresistible sugestión de la concepción reticular [que de manera aparentemente casual, él dice cambia cada cinco o seis años], conduce a algunos fisiólogos y zoólogos a objetar la doctrina de la propagación de la corriente nerviosa por contacto o a distancia. Sus alegatos están basados en hallazgos producto de métodos incompletos, mostrando menos que esos que han servido para construir el imponente edificio de la concepción neuronal. Algunos de estos argumentos son de orden morfológico y otros son de orden histológico. Si las mencionadas uniones intracelulares no son el resultado de una ilusión, representan disposiciones accidentales, quizá deformaciones cuyo valor sería casi nulo

---

[36] *Idem*, p. 240.

frente a la infinita cantidad de hechos perfectamente observados de libre conclusión.[37]

Respecto a su doctrina neurogénica y la relación con la neuronal, para él, la causa de su repudio era la triste pero inevitable tendencia de ciertas "mentes impacientes" que rechazan el uso de los métodos electivos como el de Golgi y el de Ehrlich, que no permiten la improvisación y el uso exclusivo de procesos simples y convenientes pero sin acción específica en los axones y, en consecuencia, incapaces de revelar con claridad las expansiones neuronales y sus ramificaciones periféricas.[38]

Ramón y Cajal ofrece abundantes pruebas del mecanismo regenerativo de los nervios y de la neurogénesis embrionaria que fue inicialmente propuesta por His. Abundantes páginas están dedicadas en el discurso a los dos puntos anteriores.

Concluye, al decir que lamenta la situación del científico [His] quien en los últimos años de una vida tan fecunda, sufrió la injusticia "de ver una falange de jóvenes experimentadores tratando como si fueran errores, sus más elegantes y originales descubrimientos". Y agradece calurosa y cordialmente la atención que le prestó la "simpática" asamblea durante su larga y tediosa lectura.[39]

La presentación de los galardonados

El Premio Nobel de 1906 en Fisiología y Medicina, fue igualmente otorgado al científico español y al italiano, por "su

---

[37] *Idem*, p. 242.
[38] *Idem*, p. 243.
[39] *Idem*, p. 253.

trabajo en la estructura del sistema nervioso". El profesor K.A.H. Mörner ofreció el discurso de presentación de los dos laureados. Después de una visión general y sencilla de lo que entonces se sabía del sistema nervioso, Mörner dijo que hasta entonces tres eran las vías para la exploración científica del sistema nervioso: la anatomía comparativa, el desarrollo embriológico y la exploración fisiológica. Explica muy someramente lo que hizo Golgi y cómo su técnica expande las posibilidades de estudio. De Ramón y Cajal sólo menciona que usó brillantemente el método de Golgi. Al profesor italiano le dice:

> Profesor Golgi, el equipo de profesores del Instituto Carolina, lo consideran el pionero de la moderna investigación en el sistema nervioso, por lo tanto desean con la decisión de otorgarle el Premio Nobel de Medicina, rendir tributo a su sobresaliente habilidad y perpetuar un nombre que con sus descubrimientos, usted ha escrito de modo imborrable en la historia de la anatomía".[40]

Para Ramón y Cajal son las siguientes palabras:

> Señor don Santiago Ramón y Cajal, debido a sus numerosos descubrimientos y sabias investigaciones, usted ha aportado al estudio del sistema nervioso la forma que ha tomado en la actualidad y por medio del rico material que su trabajo ha dado al estudio de la neuroanatomía, usted ha establecido cimientos firmes para el desarrollo futuro de esta rama

---

[40] "Nobel Prize in physiology or medicine 1906"; presentation speech by professor the Count K. A. H. Mörner, rector of the Royal Caroline Institute en www.nobelprize.org

de la ciencia. El equipo de profesores del Instituto Carolina se complace en honrar tan meritorio trabajo confiriéndole el Premio Nobel de este año.[41]

Visto objetivamente, a los dos científicos se les otorgó el mismo crédito, no hubo perdedor ni ganador, sin embargo es sumamente ilustrativo conocer el proceso de elección que generalmente se ignora.[42] En 1906 cuatro profesores propusieron a Golgi como laureado Nobel. De esos cuatro, tres también recomendaron a Ramón y Cajal, quien en total obtuvo cinco propuestas porque en su favor se sumaron las de otros dos profesores. Las proposiciones para los dos científicos se venían dando desde 1901, año en que se inició la tradición de otorgar el Premio Nobel. Lo curioso es que en un principio el mencionado en primer lugar fue Golgi. Después, los mismos que nominaron al italiano, presentaron como primero al científico español. La competencia fue muy reñida entre los dos. La opinión de Emil Holmgren, comisionado por el Comité Nobel para investigar el trabajo de los postulados no facilitó las cosas. Holmgren, profesor de histología del Instituto Carolina escribió un reporte de cincuenta hojas que concluía: "si se consideran los logros de Golgi por un lado y los de Cajal por otro, uno no puede más que en justicia, evadir la conclusión final que Cajal es muy superior a Golgi".

Es paradójico el hecho de que Holmgren años antes había sugerido a Golgi y que entonces le habría dado la prioridad. En

---

[41] *Idem.*

[42] Todo lo que se menciona a continuación, proviene de G. Grant "How Golgi shared the 1906 Nobel Prize in physiology or medicine with Cajal" en www.nobel.se/medicine/articles/grant.

1906 consideraba que Ramón y Cajal había hecho tan importantes y valiosos descubrimientos e interpretaciones tan justas, que estaba antes que Golgi. El análisis de Holmgren estaba lejos de la improvisación y con gran detalle apunta lo que para él son los aciertos científicos del español y los errores del italiano:

> Cajal no ha servido a la ciencia por medio de correcciones singulares a las observaciones de los otros o añadiendo aquí y allá una observación importante al conocimiento. Es él quien construyó casi en su totalidad, el marco de referencia de nuestra estructura de pensamiento, dentro del que las fuerzas menos dotadas han puesto y seguirán poniendo sus contribuciones.

Carl Sundberg, profesor de patología del Instituto Carolina y entonces vice-presidente del Instituto, también hizo una evaluación en la que trató de resaltar las contribuciones de Golgi y suavizar sus puntos débiles, enfatizando las opiniones de Holmgren cuando éste apoyaba al italiano.

Las discusiones continuaron hasta que se tomó la decisión final el 25 de octubre. La mayoría de los profesores votaron por un premio compartido entre los dos científicos.

También es interesante conocer la opinión del jurado Gustaf Rezius: "Yo pienso que él [Santiago Ramón y Cajal] merecía recibir un Premio Nobel completo y no compartido. Cuando el Consejo Nobel del equipo de profesores del Instituto Carolina me preguntó, expresé esta opinión decididamente".

Indudablemente se trató de una competencia muy intensa que se mantuvo cinco años y a lo largo de la cual los miembros del Comité incluso cambiaron de bando y opinión.

Tanto Golgi como Cajal sentían gran estima por Albert Kölliker, quien aparentemente los apreciaba igualmente. En 1901 sólo había propuesto a Golgi para el Nobel y fue su idea que compartieran el premio en 1906. Cajal escribe en su autobiografía que cuando presentó su trabajo en el congreso de Alemania en 1899, Kölliker lo apoyó especialmente, admiró sus resultados y reconoce que gracias a él sus ideas se difundieron más rápido.[43] Paolo Mazzarello, biógrafo de Golgi, apunta que el alemán hizo lo mismo por el profesor italiano y que fueron amigos toda la vida.[44]

Esa fue la primera vez que se otorgó un Premio Nobel compartido, de lo que Santiago Ramón y Cajal opinó: "la otra mitad fue muy justamente adjudicada al ilustre profesor de Pavia, Camillo Golgi, creador del método con el que realicé mis más brillantes descubrimientos".

Si Camillo Golgi emitió alguna opinión al respecto, no fue consignada por escrito.

Recuerdos del Nobel

El recuento de los días en Estocolmo y de la ceremonia Nobel revela mucho de la personalidad de cada uno y de cómo particularmente percibieron el "éxito".

En su autobiografía, Santiago Ramón y Cajal recuerda sus experiencias. Empieza diciendo que la adjudicación del Nobel le produjo "contrariedad" y "pavor". Agrega:

[43] S. Ramón y Cajal. *Recuerdos de mi vida: historia de mi labor científica*. Madrid: Alianza, 1981, p. 93.

[44] P. Mazzarello. "The hidden structure: a scientific biography of Camillo Golgi"; rev. L. Bossil..., *op. cit.*

"tentado estuve de rechazar el premio […], sobre todo, por lo peligrosísimo para mi salud física y mental".

Enlista Cajal, de manera un tanto chusca, *sobaduras* tan honrosas como molestas que padeció cuatro meses: felicitaciones, homenajes, calles, anisetes y otras pócimas "dudosamente higiénicas" bautizadas con su nombre, ofertas de participación en empresas arriesgadas, brindis vulgares, indigestiones, muecas de simulada satisfacción: "de todo hubo y a todo debí resignarme, agradeciéndolo y deplorándolo a un tiempo, con la sonrisa en los labios y la tristeza en el alma".

Así en varias páginas, el español plasma sus impresiones y aventuras que, según él, no iban con sus planes: "¡Y pensar que yo, para garantizar la paz de espíritu y huir de toda posible popularidad escogí deliberadamente la más oscura, recóndita y antipopular de las ciencias!".[45]

Sin embargo, no deja de reconocer que aunado al honor, también se incluía un gran premio pecunario.

De modo muy ameno, cuenta también que llegó a Estocolmo el 6 de diciembre, pues el diez del mismo mes es el aniversario de la muerte de Alfredo Nobel y es el día de la ceremonia de premiación: "La fiesta fue pomposa y de altísima calidad".

Pero, según él, los malos ratos que tuvo en Madrid no terminaron en Estocolmo, pues tuvo que padecer "el extraño carácter del copartícipe del premio, uno de los talentos más engreídos y endiosados que he conocido". Hay que reproducir sus palabras;

---

[45] S. Ramón y Cajal. *Recuerdos de mi vida.* Madrid: Imprenta de Juan Puego, 1923, pp. 277-279.

impórtame hacer constar que en la susodicha conferencia hice de mi compañero el profesor C. Golgi el elogio cordialmente exigido por la justicia y la cortesía. Siempre le rendí el tributo de mi admiración […] tenía pues derecho, a esperar de él un tratamiento igualmente amistoso con ocasión de su discurso sobre 'La doctrine des neurones'. Contra lo que todos esperábamos, trató más que de puntualizar los valiosos hechos descubiertos por él, de sacar a flote su casi olvidada 'teoría de las redes intersticiales nerviosas'.

Estaba en su derecho al escoger el tema de su locución. Lo malo fue que al defender su estrafalaria elucubración […] hizo gala de una altivez y egolatría tan inmoderadas, que produjeron deplorable efecto en la concurrencia […] El noble y discretísimo Retzius estaba consternado […] todos contemplaban al orador con estupor.

[…] No he comprendido jamás esos extraños temperamentos mentales consagrados de por vida al culto del propio yo, herméticos a toda novación e impermeables a los incesantes cambios sobrevenidos en el medio intelectual. Es más: no acierto a concebir tampoco la utilidad positiva de semejante egocentrismo.

[…] La misma olímpica altivez y pretencioso empaque mostró mi compañero en su brindis del banquete oficial.

La siguiente expresión no deja de ser atractiva: "¡Cruel ironía de la suerte, emparejar, a modo de hermanos siameses unidos por la espalda, a adversarios científicos de tan antitético carácter!".[46]

---

[46] *Idem*, p. 282.

Camillo Golgi no escribió sus memorias del suceso como lo hizo Santiago Ramón y Cajal. Pero a través de la biografía que Paolo Mazzarello[47] hizo del científico italiano, se conocen pormenores de la premiación y aspectos de la personalidad de Golgi. Todo lo mencionado enseguida proviene de esa obra, incluso detalles que Cajal no dice respecto a él mismo.

Golgi fue avisado el 26 de octubre por A.H. Mörner, presidente del Instituto Carolina que había ganado el Premio Nobel. También le preguntó si asistiría a la ceremonia y le señaló que podía llevar miembros de su familia. Posteriormente, Mörner le informa que el discurso podía ofrecerse en francés, alemán o inglés y que: "el señor Ramón y Cajal escribió que su salud no le permite hacer el viaje (yo creo que no vendrá), pero intentará venir la próxima primavera y ofrecer una conferencia en esa ocasión".

Desde el principio Camillo Golgi externó que estaba aterrado y que su mayor deseo sería esconderse. El 8 de diciembre llegó a Estocolmo en compañía de su esposa Lina y su alumno Veratti. Aunque no avisó a nadie, una comitiva abundante lo esperaba en la estación y entre ellos se encontraba, para su enorme sorpresa, ¡Santiago Ramón y Cajal!

Gracias a Lina Golgi, conocemos lo que pasó esos días pues ella escribió sus impresiones a su madre. Le describe lo magnífico del Hotel Royal Palace donde fueron alojados, las invitaciones a conciertos, banquetes, paseos, sus conversaciones con el Rey y los Príncipes (ella hablaba muy bien francés): "te puedo decir que todo en nuestra vida aquí es como un sueño. Nunca hubiera imaginado que tendría tantas satisfacciones".

---

[47] P. Mazzarello. *The hidden structure…*, pp. 310-320, 335-342, 347 y 356.

También Lina le comparte a su madre que Camillo estaba cada día más nervioso y que junto con Veratti, todos trabajaron en las correcciones de su discurso en francés: "es un asunto serio, más serio de lo que cualquiera pueda imaginar. ¡Oh, pobre de nosotros!".

Luego añade: "Camillo se encuentra físicamente bien pero está muy nervioso; los acontecimientos que están teniendo lugar aquí le tienen aterrorizado y yo creo que, si pudiera, se volvería a casa corriendo como un caballo de carreras desbocado".

Está claro que el discurso Nobel de Camillo Golgi fue beligerante y que él estaba consciente de que era controversial. Mazarello arguye que pudo haber tenido varios motivos. Quizá el científico italiano deseaba fincar su prioridad o quizá se adelantaba a un supuesto ataque del español. Siendo muy tímido e introvertido, quizá tantos halagos le hicieron construir una barrera que lo hacía aparentar altivez y arrogancia. De hecho, él mismo expresaba que no poseía el don de la palabra elocuente, pero además se sabe que no estaba actualizado ya que hacía años no investigaba en el tema.

Parece que la opinión desagradable que Cajal tenía de Golgi no era compartida por todo el mundo. Según Retzius, científico prestigioso y miembro del Comité Nobel, Camillo Golgi era noble, amistoso, agradable y se había ganado la simpatía y estimación de todos. Su comportamiento con Cajal había sido amable y digno, aunque hubiera expresado sus desacuerdos con él.

El jueves 13 de diciembre, Cajal exhibió unas preparaciones histológicas y el lunes 17 con pena de parte de los Golgi, todos salieron de Estocolmo, "lugar donde dejaron tantos queridos recuerdos". En 1909 Camillo Golgi opinaba de él mismo que haber ganado el Premio Nobel, el honor

más grande para un académico, era enormemente despro-
porcionado en relación a sus méritos. Que en su modo de
investigar, daba pasos pequeños, representados por problemas
menores, que cuando se sumaban a la fuerza del más modesto de los trabajadores, permitían alcanzar los resultados que
en algún momento se habían juzgado valiosos y lo habían
hecho recipiendario de honores.

Su estilo científico era conservador. Se había formado
en el positivismo que fundamentalmente exaltaba las virtu-
des del método experimental, única vía según él, para establecer la verdad, misma que no era absoluta pues podía ser
reformulada con nuevos hechos científicos. Al igual que su
colega español, era un gran científico experimental que
construía hipótesis de trabajo. Repetimos sus palabras: "en
mi conviven dos situaciones, un riguroso pensamiento científico y una manera intuitiva de pensar que sin excepción
siempre me ha guiado".

Los testimonios acerca de su personalidad coinciden en
que se le dificultaba expresar sus sentimientos, era modesto, muy inteligente, austero, complejo, bueno y de alma
serena. Introvertido y taciturno, devoto esposo y buen
maestro, agnóstico, pero respetuoso de la religión. Cuando
apareció la autobiografía de Santiago Ramón y Cajal en
1917, Camillo Golgi no hizo ningún comentario, Mazzarello escribe que la discusión exhibicionista no era su
estilo y que finalmente no tenía nada que decir, se trataba
de una historia picante y atractiva que parecía más bien
escrita por un artista que por un científico y que, desafortunadamente, no dejaba a Golgi bien parado en el ámbito
internacional.

Una reflexión

Camillo Golgi y Santiago Ramón y Cajal fueron igualmente reconocidos con la máxima distinción que se otorga a los científicos de la era moderna, sin embargo, al leer las opiniones de Golgi, parecería que éste nunca estuvo satisfecho e incluso sentía algún malestar. El profesor italiano era un científico riguroso, muy motivado, trabajador incansable y también un gran maestro. Tenía treinta años cuando descubrió su "reacción negra", con ella como base metodológica, hizo importantes descubrimientos en el sistema nervioso. Don Santiago compartía con su colega la rigurosidad científica, la motivación y la pasión por el trabajo, pero además era un gran dibujante con un don artístico especial. Él mismo cuenta que tenía 35 años cuando el médico español Luis Somarro Lacabra le mostró unas preparaciones impregnadas con la tinción de Golgi. Inmediatamente Ramón y Cajal se percató de las potencialidades del método, de que con él sería posible desentrañar los misterios del sistema nervioso y se puso a trabajar. La convicción en sus resultados era tal, que sin hablar alemán, dos años después (1889) fue al Congreso de la Sociedad Alemana de Anatomía en Berlín donde exitosamente presentó sus resultados (ahí conoció a Albert Kölliker) que previamente había tenido la precaución de publicar.[48]

Respecto a sus discursos Nobel, el de Camillo Golgi, llama la atención por la ambigüedad con que expresó sus opiniones científicas, así como lo complejo de su redacción. En este sentido, una querida amiga científica me hizo notar

---

[48] E. Frixione. *De motu propio, una historia de la fisiología del movimiento.* México. Siglo XXI, 2000, p. 142.

que quizá también su discurso fue repetitivo, confuso y contradictorio, porque no recordaba los detalles y no comprendía muy bien el giro que habría tenido su hallazgo. Cuando recibió el Premio Nobel tenía tiempo de estar trabajando en otro tema de investigación.

Nunca aclaró si su idea de reticularismo se refería a la disposición del tejido nervioso en el sentido estricto del término red o se trataba de un entrelazamiento sin continuidad de los filamentos de origen diferente. Además, parecería que no percibió la envergadura del discurso Nobel, en lugar de iniciar resaltando el valor de su propio trabajo como lo hizo Santiago Ramón y Cajal, expresa que siempre se ha opuesto a la Teoría Neuronal, que no goza de ningún favor.

Sin lugar a dudas Camillo Golgi y Santiago Ramón y Cajal fueron científicos muy destacados y amantes de la ciencia, pero sus personalidades y sus cualidades intrínsecas eran diferentes. El español era impetuoso, un artista. El italiano era cauteloso, poco audaz y no se dedicó exclusivamente al estudio del sistema nervioso. Ambos eran intuitivos y tuvieron diferentes interpretaciones de las mismas tinciones del tejido nervioso con la *reazione nera*. En este paso, hay puntos importantes que decir. En realidad, Santiago Ramón y Cajal no vio una neurona perfectamente independiente y aislada porque la tecnología de su tiempo no se lo permitió. Hubo que esperar al microscopio electrónico que posibilitó descubrir la sinapsis y entonces sí tener la plena certeza de la individualidad de las células nerviosas. Desde sus primeras observaciones intuyó que deberían estar separadas, tenía la convicción de ello, vio lo que quiso ver, es decir, unidad neuronal. Sin embargo, como buen científico que era, sabía que sus inferencias fisiológicas no podían ser consideradas dogmas:

> la ciencia contemporánea, a pesar de sus conclusiones no adivina el futuro. Nuestras afirmaciones no van más allá de lo que revelan los métodos contemporáneos. Quizá una más fina técnica de coloración, revelará nuevas y más íntimas conexiones entre neuronas que en un momento se pensó estarían en contacto.[49]

Por su lado, Camillo Golgi estaba convencido que él veía una red e interpretaba sus preparaciones de acuerdo a esta idea; "lo que he afirmado de la red, de su estructura y sobretodo, del hecho de que todas las partes del sistema nervioso son parte de ella, prueba la continuidad anatómica y funcional entre las células nerviosas".[50]

Golgi también vio lo que quiso ver y buscó hacer interpretaciones fisiológicas de su red. Consideraba que con esa idea, el concepto fisiológico de localización era difícil, como lo era también con la Teoría Neuronal. Además de que nunca vio una estructura neuronal a pesar de que ya abundantes científicos la aceptaban; quizá sea difícil para los científicos, por brillantes que sean integrar nuevos principios o modificaciones a las teorías que ellos mismos han establecido y paradójicamente, casi cien años después de haber ganado el Premio Nobel, quizá a Camillo Golgi se le otorgue una nueva forma de razón.

---

[49] "Cajal" en *Nobel lectures...*, p. 239.
[50] "Golgi". *Nobel Lectures...*, p. 202.

En nuestros días ya no tiene lugar la discusión acerca de si las neuronas son unidades independientes o forman una red, pero las neurociencias de nuestro tiempo conciben el sistema nervioso como una *network,* poniendo en cuestión como lo hizo Golgi, la estricta localización cerebral de sus funciones. Parecería que Golgi anuncia en su discurso sin saberlo, el concepto actual de "network neuronal":

> he llegado a la idea de que la función específica no está asociada con las características de la organización de los centros, más bien con la especificidad de los órganos periféricos destinados a recibir y transmitir impulsos o quizá con la organización particular de los mismos, que deben recibir los estímulos centrales.[51]

Santiago Ramón y Cajal y Camillo Golgi fueron recipiendarios del mismo Premio Nobel, pero curiosamente uno de ellos nunca asumió la posición de ganador. A veces lo primero que hay que hacer para tener éxito, es reconocerlo cuando éste se presenta.

Camillo Golgi no reexaminó sus resultados, más bien los sobreinterpretó. Era consciente de que no estaba al día en la literatura reciente y que el tema de su discurso era controversial, estaba muy nervioso, Lina su esposa así lo escribe a su madre.[52]

Cada uno interpretó lo que vio según a su propio modelo para entender el sistema nervioso; de acuerdo a su propia percepción y realidad. El mundo de Golgi era estructural,

---

[51] *Idem*, p. 216.
[52] B. García y R. Sánchez. *Santiago Ramón y Cajal, un siglo después del Premio Nobel.* Santander: Fundación Marcelino Botín, 1984, p. 269.

el de Cajal fisiológico. Si el sistema nervioso funciona como un todo, para Golgi no podía ser debido al efecto de acciones individuales y para Cajal, podía deberse a la acción de sistemas distribuidos que unen diferentes estructuras con diferentes funciones. Ambos tenían razón, y quizá mutuamente lo sabían, pero ¿habrán usado el discurso Nobel para ponerse de acuerdo?

CAPÍTULO
V

Elogio de la imperfección:
Viktor Hamburger y
Rita Levi-Montalcini

E L ANUNCIO EN 1986 de que el Premio Nobel en Medicina había sido otorgado a Rita Levi-Montalcini
(1909- 2012) por el descubrimiento del Factor Nervioso de
Crecimiento (FNC) y a Stanley Cohen (1922-) por encontrar
el Factor Epidérmico de Crecimiento (FEC); causó diversos
comentarios que no precisamente se refirieron al aspecto
científico del suceso. La comunidad se extrañó de que Viktor
Hamburger (1900-2001) no estuviera incluido entre los
galardonados, puesto que fue en su laboratorio y a instancias
de una idea suya, que se logró descubrir el FNC.

Al inicio del siglo XX poco se sabía de los mecanismos
que gobiernan la formación del sistema nervioso. ¿Cómo se
diferencian las células nerviosas en tantos tipos y con tan
diversas funciones?, ¿cómo los axones de las neuronas esta-
blecen las sinapsis entre ellas mismas o con otras células que
no son nerviosas? y ¿cuál es la naturaleza de los mensajes

químicos que envían y que reciben las neuronas? El descubrimiento de la sustancia involucrada en el crecimiento del
tejido nervioso y que se conoce como Factor Nervioso de
Crecimiento, significó la respuesta a estas preguntas y a
muchas más, pues recientemente se han encontrado eviden-
cias de su relación con la etiología de padecimientos como
las enfermedad de Alzheimer, Parkinson, Esclerosis múltiple
o Huntington.[1] En este capítulo no pretendo precisar si la
decisión del comité Nobel fue correcta o equivocada, a nada
conduciría un análisis de este tipo. La intención es ilustrar
otras facetas del éxito científico y además tratar de entender
cómo y de dónde surgió la luminosa interpretación que
permitió saber que existe un factor que promueve el crecimiento del tejido nervioso, elemento que es fundamental
para la supervivencia y el mantenimiento del mismo tejido.

[1] Jean Marx. "Nerve growth factor acts in brain" in *Science*. No. 232 (1986), pp. 1,341-1,342.

VIKTOR HAMBURGER
(1900-2001)

Viktor Hamburger. Imagen tomada de:
Oral history proyect. Washington University: School of Medicine in beckerexhibits.
wustl.edu/oral/win/hamburger.html

F UE EL PRIMERO DE tres hijos de una familia judía. Nació el 9 de julio de 1900 en Landeshut, Alemania, ahora correspondiente a Kamienna Gora en Polonia. Falleció el 12 de junio de 2001 en St. Louis Missouri, Estados Unidos. Su padre era un hombre de negocios que hizo lo posible por que su hijo pasara buena parte de su juventud en el campo, a Víktor le encantaba observar la naturaleza y recolectar muestras de plantas o animales, vivencia que parece fue el inicio de su interés por la zoología, ciencia que estudió en Breslau, Heidelberg y Munich. En 1925 recibió su doctorado en Zoología bajo la supervisión de Hans Spemann, cabeza del Departamento de la misma disciplina en la Universidad de Freiburg, Alemania, líder de la embriología experimental de su tiempo y ganador del Premio Nobel en 1935 por el descubrimiento del factor organizador del embrión. En la misma Universidad, Spemann inspiró a Hamburger para que llevara a cabo estudios sobre el desarrollo a partir de un ingenioso método de microcirugía de su autoría.

Después de realizar estancias posdoctorales en Göttingen donde conoció a su esposa Martha Fricke y en el Instituto Kaiser Wilhelm en Berlín, J.R. regresó a Freiburg.y para 1930 ya había logrado una posición de docente en la Universidad.

En 1932, Hamburger obtuvo una beca de la fundación Rockefeller que le permitió visitar el laboratorio de Frank R. Lillie en Chicago, amigo de su maestro Spemann. Lillie estaba al frente de uno de los mejores laboratorios en el estudio del desarrollo, donde además, se usaba al pollo como modelo de experimentación,[2] situación innovadora en esa época, pues el anfibio era el modelo de elección por excelencia.

En un principio había planeado permanecer con Lillie sólo un año, pero en 1933 recibió una carta con su despido de la Universidad de Freiburg, pues el Partido Nazi estaba "limpiando las profesiones" en Alemania y el joven investigador era judío.

Para 1935 aceptó una plaza de profesor asistente en el Departamento de Zoología de la Universidad de Washington en St. Louis Missouri. En seis años logró ser profesor de tiempo completo, de 1941 a 1966 fue jefe del Departamento de Zoología, y se convirtió en profesor emérito en 1969. Aunque no fue el primero en investigar con embriones de pollo, los especialistas con este modelo biológico consideran sus trabajos de consulta obligada para la historia y la investigación en la neuroembriología.[3] Entre numerosos

[2] Viktor Hamburger. "Viktor Hamburger" in *The history of Neuroscience in Autobiography*; ed. L.R. Squire. Washington: Society for Neuroscience. Vol. 1 (1996), pp. 222-250.

[3] Oppenheim and Lauder. "Viktor Hamburger at 100: eight decades of neuroembryological research, 1920-2000" 2001 en zigote.swarthmore.edu/

honores por sus contribuciones al campo de la neuroembriología, fue electo miembro de la Academia Nacional de Ciencias en 1953, de la Academia Americana de Artes y Ciencias en 1959 y recibió la Medalla Nacional de la Ciencia en 1989.

Todos los testimonios coinciden en describir a Víktor Hamburger como un hombre de imponente presencia, sabio, digno, de una gran generosidad y amabilidad, con un excelente sentido del humor. Poco tolerante con el pensamiento desordenado o el pobre lenguaje, enseñaba con el ejemplo más que con la crítica. Sus intereses y perspectivas iban más allá de lo meramente científico. Sus escritos de contexto histórico transmiten la excitación y el encanto que tienen la investigación científica y las ideas de los grandes científicos.

Hamburger educó a sus dos hijas, Doris y Carola con el mismo aprecio y amor a la naturaleza que él recibió. También son científicas.[4]

Hamburger: entre la embriología experimental y la moderna biología del desarrollo

Bajo la tutela de Spemann, Hamburger se había familiarizado con los estudios acerca de la relación entre el desarrollo de los miembros y la ablación de ciertas porciones de la médula espinal

---

axon1b.htm1 [Consultado 3 de agosto 2016].
[4] Washington University Library. *International Journal of Developmental Neuroscience*. No. 19 (2001). Number in honor a Viktor Hamburger en library. wustl.edu/units/biology/vh/.

usando al pollo como modelo de experimentación.[5] Aunque
su sistema nervioso es más complejo que el del anfibio, posi-
bilita un análisis más riguroso ya que sus centros nerviosos se
definen con más claridad, además su tejido se tiñe muy bien
con la técnica de sales de plata de Golgi que perfeccionara
Ramón y Cajal, lo que permite al experimentador visualizar
más fácilmente los cambios de las estructuras nerviosas. El
embrión de pollo se desarrolla siguiendo una secuencia muy
precisa en el tiempo, lo que facilita estudiar la neurogénesis
con bastante precisión.

Cuando Hamburger llegó al laboratorio de Frank Lillie,
repitió experimentos que abordaban un problema semejante
al que ya conocía, es decir, el efecto de la ablación de las yemas
de las alas en el desarrollo de la médula espinal y los ganglios
sensoriales vecinos en el pollo. Realizar esos experimentos no
era simple porque uno de los objetivos era aclarar la relación
entre las estructuras periféricas y el sistema nervioso central,
además, todavía no era totalmente hábil en la experimentación
con embriones de pollo. En 1934 le ofrecieron una plaza como
profesor asistente de Zoología en la Universidad de Washington y el mismo año publicó los resultados de su investigación
en el laboratorio de Lillie. El momento fue importante en
varios sentidos: el científico alemán se quedaría en Estados
Unidos y su primera publicación en ese país sería decisiva para
el futuro de la neurobiología.

Esos primeros experimentos consistían en extirpar con
agujas de cristal las yemas de las alas en embriones de pollo a
diferentes edades. En el mejor de los casos el ala desaparecía

[5] "Viktor Hamburger" in *The history of neuroscience…*, pp. 222-250.

totalmente, pero en otros se formaba un ala deforme o incluso una parte del cuerpo desaparecía.

El análisis de los resultados se limitó a la médula espinal y a los nervios braquiales. Los cambios más dramáticos se veían en el asta anterior de la médula, donde además en el lado operado, las neuronas de la columna motora lateral se reducían hasta 60%.

La columna motora medial que inerva los músculos del tronco no estaba afectada, pero el volumen y número de células del asta posterior se reducían 20%. Hamburger pensó que la falta de estímulo centrípeto transmitido por las fibras nerviosas de las primeras neuronas diferenciadas, provocaba hipoplasia de las neuronas motoras en las astas anteriores y de otras células nerviosas en la misma hemisección de la médula espinal.[6] De este modo asumió, que las diferentes estructuras periféricas cuando crecen están en conexión directa con el centro que les corresponde en el sistema nervioso central. Esas primeras neuronas serían capaces de regular no sólo el crecimiento de sus propios centros y los vecinos, sino también de modularlo en cantidad y tamaño:

> todas las estructuras en el miembro en desarrollo, músculos
> así como órganos sensoriales, envían estímulos al sistema
> nervioso central. Cada parte del campo periférico controla
> directamente su propio centro nervioso. Por ejemplo, los

[6] Viktor Hamburger. "The effects of wing bud extirpation on the development of the central nervous system in chick embrios" in *J. Exp. Zool.* No. 68 (agost 1994), pp. 449-494.

músculos del miembro afectan los centros motores laterales, los campos sensoriales controlan los ganglios".[7]

En esta conclusión aparece por primera vez su interpretación del mecanismo de la supuesta hipoplasia de la columna motora lateral. Para Hamburger, de algún modo, los primeros axones de las motoneuronas en alcanzar la periferia, perciben la extensión del campo que deben inervar y así se lo señalan a la médula espinal. En otras palabras, la periferia sirve para inducir la diferenciación de las motoneuronas en una población de precursores celulares indiferenciados.

Posteriormente, estudió el efecto del trasplante de miembros en la médula espinal y en los ganglios sensoriales, y también la influencia de los factores periféricos en la proliferación y diferenciación en la médula espinal del pollo. En el primer caso, los miembros implantados eran inervados por los nervios del segmento espinal adjunto que frecuentemente formaban plexos comparables a los que inervaban los miembros normales, pero el número de fibras nerviosas que penetraban a los trasplantes era menor. Había un incremento focal de las células en los segmentos que contribuían a la inervación del trasplante, lo que evidenciaba una relación específica entre la musculatura del miembro y el crecimiento de las motoneuronas. La explicación de esta hiperplasia era: "aceptar la existencia de un agente controlador del crecimiento, que viaje en sentido centripeto a lo largo de las

---

[7] Maxwell Cowan. "V. Hamburger and R. Levi-Montalcini: the path to the discovery of NGF" in *Annu. Rev. Neurosci.* No. 24 (2001), p. 558.

primeras fibras motoras, desde la periferia hacia los centros de crecimiento motor".[8]

La observación clave de su segunda investigación, era que los animales a los cuales sólo se había extirpado una yema de las alas, no presentaban diferencia en el número de mitosis, comparando el lado operado con el no operado. Recordando sus resultados anteriores, Hamburger pensó que la hipoplasia que había observado en las columnas motoras, no se debía a un efecto en la proliferación celular, sino a la reducción en la influencia inductiva de la periferia, sobre las células indiferenciadas de la médula. En contraste, la hiper-plasia que se presentaba después de los trasplantes, se debía a la percepción por los axones de las primeras neuronas diferenciadas de la periferia. En cualquiera de los casos, existía un control periférico determinante.[9]

[8] V. Hamburger. "Motor and sensory hyperplasia following limb-bud transplantations in chick embryos" in *J. Exp. Zool.* Vol. 12, no. 3 (1939), p. 281.

[9] V. Hamburger and E. Keefe. "The effects of peripheral factors on the proliferation and differentiation in the spinal cord of chick embryos" in *J.Exp. Zool.* No. 96 (agost 1944), pp. 223-242.

RITA LEVI-MONTALCINI
(1909-2012)

Rita Levi-Montalcini. Imagen tomada de Facts. Nobelprize.org. Nobel Media AB 2014 en www.nobelprize.org/nobel_prizes/medicine/laureates/1986/levi-montalcini-facts.html

L A VIDA DE RITA Levi-Montalcini es particularmente atractiva. La lectura de su autobiografía es fresca y encantadora, y además de una científica, deja ver una "extraordinaria personalidad a cuya viva curiosidad nada es ajeno".[10] Rita Levi nació en Turín, Italia, en una familia judía muy cultivada, el 22 de abril de 1909. Falleció casi ciega y sorda, a la edad de 103 años, el 30 de diciembre del 2012. Montalcini era el apellido de su madre que ella decidió adoptar. Tuvo dos hermanos mayores, un hombre y una mujer. Rita fue el primer producto de un parto gemelar fraterno. Con su gemela Paola que era pintora, tuvo una relación muy estrecha hasta el fallecimiento de ésta. Su padre era ingeniero, ella lo describía como dominante, autoritario y de temperamento explosivo. Aunque su relación fue difícil, Rita lo admiraba y lo amaba profundamente. Su madre era sumisa

[10] R. Levi-Montalcini. *Elogio de la imperfección*. Barcelona: Ediciones B.S.A, 1999.

y en aras del cuidado de la familia, sacrificó su vocación de escritora.

Al terminar la educación básica expresó su deseo de seguir estudiando, pero su padre determinó que ella y Paola asistirían a una escuela femenina para aprender a ser buenas esposas. A los veinte años Rita no sólo insistió, además aclaró que quería estudiar medicina. Aunque al principio su padre se mostró renuente, le puso profesores que la ayudaron a preparar el examen de ingreso a la Escuela de Medicina, lo que logró en 1930. Entonces en la Universidad de Turín había siete mujeres y trescientos hombres haciendo estudios médicos. Fue en esa época cuando dijo que nunca se casaría, presagio que cumplió,[11] además de ser siempre congruente con el feminismo que desde entonces manifestó.

Una buena parte de su juventud se desenvolvió en la Italia fascista de la Segunda Guerra Mundial. Durante el segundo año de sus estudios médicos, falleció su padre e ingresó al Instituto de Anatomía. A decir de ella misma, lo que la atrajo no fue tanto la disciplina, como la extraordinaria personalidad del profesor Giuseppe Levi, líder de la neurohistología en Italia.[12] Con el profesor Levi también estaban los amigos que conservaría toda su vida y que como ella, serían futuros premios Nobel: Salvador Luria y Renato Dulbecco.

---

[11] En su autobiografía, *Elogio de la imperfección*, menciona un compañero de estudios por el que se intuye, sentía particular inclinación. Es difícil saber si habría mantenido su promesa, si el joven pretendiente no hubiera fallecido prematuramente.

[12] *Idem*, p. 81.

Al igual que Spemann para Hamburger, Levi fue un extraordinario maestro para Rita, guiándola en el inicio de lo que haría el resto de su vida.

En 1936 se graduó de médico por la Universidad de Turín. En 1939 partió a Bélgica porque Mussolini lanzó su "Manifiesto para la defensa de la raza" que prohibía a los judíos estudiar o enseñar en escuelas del Estado y ella quería especializarse en neurología y psiquiatría. Poco después regresó a Turín, pero emigró al campo con su familia y en la clandestinidad, montó un laboratorio a la "Robinson Crusoe" según sus propias palabras.[13] En 1944 las tropas aliadas la incorporan como médico de la Cruz Roja Internacional y en algunos meses reanudó su investigación en el grupo de Levi. Para 1946 Hamburger le escribió a Levi para invitar a su alumna a Estados Unidos. En octubre de 1947, Rita Levi-Montalcini llegó al laboratorio de Víktor Hamburger y como él años atrás, supuestamente sólo estaría unos meses en Estados Unidos, pero en realidad, regresaría a su natal Italia muchos años después y no definitivamente. De 1961 a 1983, dividió su tiempo entre su país y Saint Louis Missouri. En Roma fundó un instituto de investigación y se dedicó a apoyar a la ciencia en general. Se jubiló en 1979.

Rita Levi-Montalcini recibió múltiples distinciones y honores, fue senadora vitalicia y embajadora de Italia ante la Organización de las Naciones Unidas para la Alimentación y la Agricultura. Escribió obras literarias muy exitosas, que además de amenas, enseñan lecciones de vida, su autobiografía, *Elogio de la imperfección* muestra la perseverancia en el camino de la ciencia. Con sus ahorros, creó la Fundación

---

[13] *Idem,* p. 137.

Levi-Montalcini, que inició su labor filantrópica en Etiopía y cuya causa es la educación de las mujeres en los países subdesarrollados.

Levi-Montalcini: el "Elogio de la imperfección" científica

Su maestro Levi le proporcionó a Rita dos elementos fundamentales para su futuro científico en la neuroembriología; le enseñó la clásica tinción con sales de plata y la hizo disciplinada y persistente en el laboratorio al obligarla a enfrentar retos que otros rechazarían.

A finales de los años treinta, Levi-Montalcini estaba interesada en la influencia de los factores genéticos y ambientales, sobre la regulación de la diferenciación evolutiva del sistema nervioso. En 1940 leyó el artículo que Viktor Hamburger había publicado en 1934. El trabajo la impresionó profundamente. Determinada a observar los mismos fenómenos, en su laboratorio clandestino repitió los experimentos con la ayuda de Levi, pero hizo algunas cosas más. Primero analizó el efecto de la ablación de las yemas de los muslos además de las alas, concentrando su atención tanto en los ganglios sensoriales como en las columnas motoras de la médula espinal. Después hizo estudios seriados con embriones de diferentes edades, finalmente, además de la coloración convencional de Nissl para los cuerpos celulares, usó la modificación de De Castro al método de plata de Ramón y Cajal que tan bien le había enseñado su maestro.

El esfuerzo culminó en dos publicaciones en coautoría con Giuseppe Levi.[14]

Sus experimentos confirmaron los resultados de Hamburger, la deprivación de los campos periféricos en los segmentos importantes de la médula espinal, provocaba una marcada reducción en las células de la columna motora lateral. Pero como además estudió los embriones más días de los que observaba el científico alemán, concluyó que la hipoplasia de Hamburger, era en realidad la consecuencia directa de la muerte de las motoneuronas previamente diferenciadas y no el fracaso en el reclutamiento de las neuronas de un grupo de precursores todavía indiferenciados (sin embargo, me parece que el hallazgo de Hamburger fue una forma de inspiración para Rita). La degeneración de las células de los ganglios espinales era aún más evidente. La tinción de plata permitía distinguir entre neuronas totalmente diferenciadas y las indiferenciadas, esto posibilitaba deducir que el efecto principal de la extirpación temprana de las yemas de los miembros, era la degeneración de las neuronas diferenciadas. La interpretación de Levi-Montalcini fue muy diferente a la de Hamburger,[15] pues concluyó que las fibras motoras y sensitivas crecían a pesar de la amputación, entonces propuso que el factor inductor de Hamburger, era en realidad un factor trófico que viajaba de los tejidos periféricos a los cuer-

[14] R. Levi-Montalcini and G. Levi. "Les conséquences de la destruction d'un territoire d'innervation périphérique sur le développement des centres nerveux correspondents dans l'embryon de poulet" en *Arch Biol Liège*. núm. 53 (1942), pp. 537-545 y "Recherches cuantitatives sur la marche du processus de différentiation des neurones dans les ganglions spinaux de l'embryon de poulet" in *Arch Biol Liège*. núm. 54 (1943), pp. 189-200.

[15] M. Cowan. "Viktor Hamburger and Rita Levi-Montalcini…", p. 566.

pos celulares en la médula. Cuando el factor no actuaba, se presentaba degeneración seguida de muerte celular, que comenzaba desde que las fibras salían de las neuronas.

En su autobiografía, poéticamente Rita Levi-Montalcini narra que postuló la existencia del factor trófico, al contemplar los ánades pequeños que seguían en fila india a su madre, sumergiéndose de vez en cuando en las charcos a los lados del camino, que ella recorría en bicicleta cuando iba a buscar los huevos fértiles para sus experimentos.

El trabajo en equipo de Hamburger y Levi-Montalcini

Cuando Levi-Montalcini llegó a los Estados Unidos, tenía 37 años y ya era una experimentada neuroanatomista que dominaba los métodos de tinción. Además de sus artículos en la extirpación de las yemas de los miembros, también había publicado excelentes trabajos acerca del desarrollo temprano de ciertos músculos, la morfología temprana de la médula espinal y el tallo cerebral en el pollo. En pocas palabras, era una científica al mismo nivel que Hamburger, quien justamente la había invitado para repetir los experimentos de extirpación de las yemas de los miembros, puesto que había leído sus artículos en coautoría con Levi. La combinación de ambos científicos resultó perfecta, un embriólogo experimental de corazón y una hábil neuróloga y neuroanatomista que además conocía importantes técnicas de tinción.

Empezaron enfocándose en los ganglios sensoriales y publicaron sus resultados en 1949, el trabajo revela la magnífica complementaridad pues ella realizó los experimentos y observó las laminillas y él escribió el artículo.[16] De ella, Hamburger señaló que siguió su trabajo con un gran interés y de él, Levi-Montalcini apuntó que aprendió el placer de escribir los artículos científicos.[17]

Los dos investigadores observaron que: "el campo periférico controla la actividad mitótica de los ganglios espinales; su reducción disminuye el número de figuras mitóticas en los ganglios que participan en la inervación y su alargamiento aumenta".[18]

La investigación representa la primera muestra basada en el conteo mitótico, del efecto de la periferia sobre la proliferación celular de los ganglios sensoriales. Paralelamente a los anteriores, Rita hacía experimentos sobre los temas que había desarrollado antes de su viaje a Estados Unidos. Sus observaciones la hicieron concluir que la muerte celular puede ocurrir durante el desarrollo normal de la médula espinal, así como sucede en los ganglios sensoriales y también que la degeneración neuronal ocurre en niveles definidos de la médula durante el desarrollo normal.[19] En otras palabras, desde que nacemos, empezamos a morir, lo que se comprobó mucho después al descubrir el proceso de apoptosis.

[16] V. Hamburger and R. Levi-Montalcini. "Proliferation, differentiation and degeneration in the spinal ganglia of the chick embrio under normal an experimental conditions" in *J. Exp. Zool.* No. 111 (1949), pp. 457-502.

[17] M. Cowen. "V. Hamburger and R. Levi-Montalcini...", *Op. cit.,* p. 567.

[18] V. Hamburger and R. Levi-Montalcini. "Proliferation, differentiation and degeneration...".

[19] R. Levi-Montalcini. "The origin and development of the visceral system in the spinal cord of the chicken embrio" in *J. Morphol.* No. 86 (1950), pp. 253-283.

Pero a pesar de los buenos resultados iniciales, las cosas no progresaban como ella deseaba, ya que finalmente, sus técnicas eran burdas para entender la gran complejidad de los procesos neurogénicos. Ya francamente preocupada por su futuro científico, en el otoño de 1947 pidió consejo a su amigo Renato Dulbecco pues pensó cambiar la neuroembriología por el estudio de los fagos, que se revelaban muy promisorios en los años cuarenta.[20] Su amigo le sugirió no tomar decisiones precipitadas y permitir que el tiempo le ayudara a actuar correctamente. Fue entonces cuando Rita realizó una observación afortunada. Vio que después de la ablación de las alas, las fibras nerviosas migraban desde la médula torácica y sacra en su segmento ventrolateral, hasta el segmento dorsomedial. El hallazgo la sorprendió mucho, porque al haber amputado las alas, ella sólo esperaba cambios relacionados con la porción de la médula correspondiente a los miembros superiores y no a las porciones inferiores, además, en la zona cervical observó que había degeneración con la presencia de macrófagos.

Levi-Montalcini concluyó que la variedad de poblaciones neuronales no es el resultado de diversas actividades proliferativas en diferentes segmentos del eje cerebroespinal, más bien, existe una única proliferación, pero condicionada a dos situaciones desiguales: 1) La eliminación drástica de células excedentes y 2) La migración de células iguales pero con otra función, que se dirigen a las vísceras o a inervar tejidos periféricos diferentes. Para ella, este complejo comportamiento estaba orquestado por su factor trófico.

[20] R. Levi-Montalcini. "The nerve growth factor: thirty-five years later" in *Nobel lecture* en www.nobelprice, p. 351.

Más confiada, la repetición de otro experimento marcaría una vez más la ruta de su investigación. Elmer Bueker, alumno de Hamburger, injertaba en embriones de pollo, células de un tumor maligno de ratón, conocido como sarcoma 180, un adenocarcinoma mamario que crece rápidamente en pollos y mantiene sus características histógenicas. Bueker observó que las fibras nerviosas sensoriales del embrión crecían e invadían el tumor, sin embargo, no otorgó mayor importancia al hecho.[21]

No fue el caso de Rita, quien al cabo de muchos experimentos, en 1950, observó lo mismo que Bueker y también notó que los nervios simpáticos se extendían más de lo usual e igualmente invadían el tumor. Sin embargo, en ningún momento el crecimiento neuronal establecía conexiones con las células del tumor, los ganglios que hospedaban a los cuerpos celulares de las neuronas, eran más grandes que los controles. Un buen tiempo le llevó entender que había más crecimiento no porque existiera un blanco mayor, sino porque el tumor liberaba algo en mayor cantidad, una sustancia que supuestamente viajaba en la corriente sanguínea causando esos efectos. Rita contaba que nunca le quedó claro como entendió lo que pasaba, si el tumor de la camada de ratones que usó entonces era especial o lo que pasó se asemejaba a una cortina que se abre de golpe y revela un escenario diferente, como causa de la gran acumulación de datos en su subconsciente[22] y que yo agregaría, afloran al consciente.

---

[21] E. Bueker. "Implantation of tumors in the hind limb field of the embryonic chick and the developmental response of the lumbosacral nervous system" in *Anat. Rec.* No. 102 (1948), pp. 369-390.
[22] R. Levi-Montalcini. *Elogio de la imperfección…*, p. 234.

Después, en lugar de injertar al embrión, colocó trocitos de tumor en sus membranas externas. Las fibras nerviosas sensoriales y simpáticas invadieron el tumor, los ganglios simpáticos y las venas bloqueando la circulación. Así pues, la causa de esa rara conducta era humoral, pues el tumor y el embrión no necesitaban tocarse para desencadenarla, la presencia del tumor facilitaba el crecimiento periférico, al menos de las neuronas sensoriales. Se trataba de un "factor de diferenciación y producción excesiva, anormal y precoz" de fibras nerviosas.[23]

Rita Levi-Montalcini presentó estos excitantes resultados ante la Academia de Ciencias de Nueva York en el verano de 1951 y al año siguiente lo publicó en los *Anales de la Academia de Ciencias de Nueva York*.[24]

En ese paso, era evidente que lo siguiente debía ser estudiar el factor desconocido, había que verificar *in vitro* lo que se había observado *in vivo*. Para eso, Rita Levi necesitaba hacer cultivo de tejidos, técnica fuera de su conocimiento, pero que conocía muy bien Hertha Meyer, su amiga y antigua compañera en el laboratorio de Guiseppe Levi. Entonces Hertha estaba en Brasil, también por motivos de la guerra tuvo que abandonar Italia, Giuseppe Levi la había recomendado con Carlos Chagas, en ese momento jefe del Instituto de Biofísica en la Universidad de Brasil en Río de Janeiro. En sus escritos más de corte personal, la doctora Levi-Montalcini cuenta que a finales de 1952, se va a Brasil, vía Italia, cargando en su bolso a sus ratones cancerosos.

---

[23] *Idem*, p. 230.
[24] R. Levi-Montalcini. "The effect of mouse tumor transplantation on the nervous system" in *Ann. NY Acad. Sci.* No. 55 (agost 8, 1952), pp. 330-343.

Rita no olvidaría la experiencia personal en Brasil y que parece fundirse con su interés científico: "en St Louis el tumor había insinuado su existencia, pero fue en Río de Janeiro donde se reveló totalmente, y lo hizo de un modo teatral y magnífico, como si lo hubiera aguijoneado la brillante atmósfera de la explosiva y exuberante manifestación de vida que es el Carnaval de Río".[25]

En el laboratorio de su amiga observó que cuando pequeños segmentos de sarcoma se colocaban con tejido de ganglio sensitivo de embriones de seis a siete días, se producía un crecimiento impresionante del tejido nervioso que le daba un aspecto de halo. Levi-Montalcini perfeccionó los estudios *in vitro* y logró demostrar que en diez horas, el halo de fibras nerviosas crecía a partir del ganglio que no estaba en contacto directo con el tumor, es decir, otra propiedad del factor era cambiar la dirección de crecimiento del tejido nervioso. Ya para entonces, ella y su amiga se referían a su mágico elemento con el nombre de *Factor de Crecimiento Nervioso*. Aquí es importante recordar que en esa época todavía no se había descubierto ningún factor de crecimiento.

Rita Levi-Montalcini continúa sola la investigación

En 1953 Rita regresó a Estados Unidos y a partir de entonces, la responsabilidad de los experimentos recayó completamente en ella, ya que Víktor Hamburger estaba en Cambridge como profesor visitante. Se le había invitado a

---

[25] R. Levi-Montalcini. *Elogio de la imperfección…*, p. 353.

pasar un semestre para apoyar a un colega en la elaboración de un nuevo programa de biología, aunque ella continuó sola con los experimentos, su comunicación con Hamburguer no se interrumpió, incluso menciona que en 1981, él le regresó la nutrida correspondencia que mantuvieron durante muchos años. De hecho, cuando ella estaba en Brasil, semanalmente lo informaba y él compartía su entusiasmo por los resultados.

Regresando a 1953, ese año ambos publicaron un artículo en extenso, apareciendo Levi-Montalcini como primer autor.[26] En la publicación de 1952, ella es único autor porque prácticamente llevaba las riendas del proyecto desde que empezó el trabajo con los sarcomas.[27] Maxwell Cowan que conocía bien a Hamburger, señala que su estilo en el artículo de 1953 se percibe con claridad. El texto es largo, detallado y la discusión es muy cuidadosa. También se nota el material que proviene del trabajo de Levi-Montalcini, particularmente lo que toca al desarrollo neuronal del sistema simpático y la respuesta a los tumores de los ganglios simpáticos.

Según el mismo Hamburger, él participó activamente en las primeras fases del trabajo que condujeron al descubrimiento del Factor Nervioso de Crecimiento, pero se retiró del proyecto cuando éste empezó a tomar cauces demasiado bioquímicos y sus propios intereses cambiaron.[28]

---

[26] R. Levi-Montalcini and V. Hamburger. "A diffusible agent of mouse sarcoma producing hyperplasia of sympathetic ganglia and hyperneurotization of viscera in the chick embryo" in *J. Exp. Zool.* No. 123 (1953), pp. 233-287.

[27] R. Levi-Montalcini. "The effect of mouse tumor transplantation…".

[28] M. Cowan. "Viktor Hamburger and Rita Levi-Montalcini…", p. 577.

En algún momento de la investigación, ambos comprendieron que para aislar al que ya nombraban Factor Nervioso de Crecimiento (FNC), necesitaban del apoyo de un buen bioquímico. Una vez más la persona adecuada se presentó y a finales de 1953, Rita inició su relación científica con Stanley Cohen, la que duraría hasta 1959.

Para 1954, Cohen había aislado una nucleoproteína de los tumores que identificaron como el FNC. El trabajo avanzó tan bien, que el mismo año salió un artículo donde el orden de los autores fue: Cohen, Levi-Montalcini y Hamburger.[29] Esta sería la última publicación sobre el FNC, donde Hamburger aparecería como coautor y de acuerdo a él mismo: "a mediados de los años cincuenta me retiré del proyecto. Ya no podía contribuir debido a su naturaleza bioquímica, pero por supuesto, lo seguí con gran interés".[30]

Así pues, no hay evidencia que sugiera la eliminación deliberada de Hamburger del proyecto.

La misma Rita considera que quizá no habrían progresado demasiado, si no se hubiera presentado un hecho fortuito en 1956. Con el objeto de determinar si el factor de crecimiento era el ácido nucleico o la proteína, trataron un extracto celular del tumor con veneno de serpiente, abundante en fosofodiesterasa, enzima que degrada los ácidos nucleicos. Para su gran asombro, observaron que agregando mínimas cantidades del veneno a la fracción activa del sarcoma, éste aumentaba de modo importante su capacidad de

---

[29] S. Cohen, R. Levi-Montalcini, V. Hamburger. "A nerve growth-stimulating factor isolated from sarcoma 37 and 180" in *Proc. Natl. Acad. Sci.* No. 40 (1954), pp. 1,014-1,018.
[30] M. Cowan. "Viktor Hamburger and Rita Levi-Montalcini…", p. 581.

hacer crecer el tejido nervioso *in vitro,* los halos eran notablemente más grandes. Sin buscarlo, encontraron que el veneno poseía gran cantidad de FNC e incluso funcionaba en ausencia del tumor.

Cohen purificó el factor del veneno y determinó que se trataba de una proteína. El veneno poseía una mayor cantidad de factor que el sarcoma de ratón y actuaba igualmente bien *in vivo* como *in vitro.*

El veneno de serpiente era muy caro y de acuerdo al recuento de la propia Rita, a Stanley Cohen se le ocurrió utilizar las glándulas salivales del ratón —equivalentes en cierto modo a las glándulas que producen el veneno en las serpientes—, para ver si también tenían FNC. Hasta ese momento los investigadores creían que el factor sólo era producto de tejido neoplásico. En efecto, su sustancia estaba presente en cantidades mucho mayores en las glándulas salivales, pero curiosamente, la proporción era aún más grande en el tejido de los machos que en el de las hembras, siendo la potencia mayor si provenía de machos agresivos, ya que incrementaba diez veces el tamaño de los ganglios simpáticos y la inervación de los tejidos cutáneos. En conclusión, había FNC en sarcomas de ratón, en veneno de serpiente y en glándulas salivales de ratón.

Con la intención de verificar la existencia y función del FNC por otra vía, entre 1958 y 1959, Cohen fabricó un antisuero policlonal en conejos. El antisuero bloqueaba completamente la actividad del factor de las glándulas salivales del ratón, igual que lo hacía la antitoxina del veneno. Su factor se distinguía de las hormonas porqué 1) Provenía de fuentes heterogéneas y extrañas, 2) Estimulaba específicamente dos tipos de ganglios: sensitivos y motores y 3) Provocaba un grado muy diverso de respuesta celular.

Al inicio de los años sesenta, Rita Levi-Montalcini estaba segura que su Factor Nervioso de Crecimiento era un "mensajero trófico", pero todavía había que investigar su naturaleza, su acción en los organismos desarrollados y diferenciados y porqué era tan abundante en las glándulas salivales de ratón.

En 1959, Stanley Cohen dejó la Universidad de Washington, pero antes de partir, hizo la observación que le meritaría compartir el Premio Nobel con Levi-Montalcini en 1986. Los ratones inyectados con una preparación parcialmente purificada de FNC, abrían prematuramente los párpados y los incisivos también brotaban más temprano. Esa observación llevó a Stanley Cohen a descubrir el Factor Epidérmico de Crecimiento, FEC.[31]

En 1961, a los 52 años de edad, Rita Levi-Montalcini regresó a Italia donde montó el Laboratorio de Biología Celular en Roma.[32] En la década de los sesentas, la investigación de Rita Levi-Montalcini buscó saber cómo el FNC llegaba a las células blanco y donde se sintetizaba. Por entonces ella ratificó su idea inicial de que el factor era también un "mensajero trófico" que normalmente viajaba en reversa vía los axones, desde la fuente hasta los cuerpos celulares. Aparentemente muchos órganos contenían el factor. En 1971 se descubrió la secuencia de aminoácidos de la parte proteíca; para

[31] S. Cohen. *The Nobel Prize winners: physiology or medicine*. USA: 1996, p. 1,494-1,506.

[32] Su regreso no fue definitivo porque entre ese año y 1983, dividió su tiempo entre su laboratorio en Roma y el de Saint Louis Missouri.

1979 la doctora Levi-Montalcini se jubiló, pero siguió trabajando y en 1981 demostró que en ciertas zonas del hipotálamo había daño cuando fetos de rata se inyectaban con anticuerpos purificados contra el FNC. Al mismo tiempo observó que las neuronas en otras áreas del cerebro, tienen ácido ribonucleico mensajero para el FNC y también el propio factor. Esto le permitió proponer que esas zonas deben ser una fuente continua de FNC.[33] En 1983 descubrió el gen que codifica para el FNC y su colaborador Pietro Calissano encontró su mecanismo de acción. El diez de diciembre de 1986, Rita Levi-Montalcini recibió el Premio Nobel por el descubrimiento del Factor Nervioso de Crecimiento y Stanley Cohen por el descubrimiento del Factor Epidérmico de Crecimiento.

Desde la década de los ochenta, el FNC abandonó el laboratorio de su descubridora y formó parte de los intereses científicos de muchos otros laboratorios en el mundo. Sin embargo, como la misma doctora Levi-Montalcini reconoce, entonces quedaron preguntas que no pudo responder; por ejemplo, ¿por qué las glándulas salivales del ratón y las de veneno en la serpiente producen FNC? Ninguna de las dos glándulas es importante para la vida o para las neuronas simpáticas que si dependen del FNC.[34]

En la actualidad se sabe que el FNC no sólo se circunscribe al ámbito de la neurogénesis, también se ha revelado muy importante en la comprensión de enfermedades degenerativas e incurables. Igualmente tiene que ver con los sistemas hormonal e inmunológico, ya que se produce en

---

[33] R. Levi-Montalcini. *The Nobel Prize winners...*, pp. 1,512-1,513.

[34] R. Levi-Montalcini and P. Calissano. "The nerve growth factor" in *Scientific american*. No. 240 (1979), pp. 44-53.

núcleos hipotalámicos y poblaciones endócrinas cerebrales y extracerebrales, y no sólo a nivel espinal. Además de las neuronas periféricas motoras y sensitivas, el FNC estimula las neuronas implicadas en las funciones cerebrales superiores. El factor es una neurotrofina, una citoquina y está relacionado con los oncogenes. A través de su factor, Rita Levi-Montalcini concluyó que los sistemas nerviosos central y periférico no están rígidamente programados y adelantó el posible papel de los tejidos y órganos periféricos en los centros nerviosos medulares que los inervan.

Una reflexión

El descubrimiento del FNC es un abanico de increíbles sucesos fortuitos, factores circunstanciales, golpes de suerte y casualidades. La misma doctora Levi-Montalcini afirma que se puede definir como una larga secuencia de eventos no anticipados, donde cada uno abrió nuevos caminos en un panorama ya de por si cambiante.[35] Las cualidades científicas de los dos investigadores, el alemán y la italiana fueron fundamentales.

Se trata de un clásico ejemplo de los hallazgos científicos contemporáneos, que son producto de las ideas y el trabajo de los investigadores que conforman un grupo o diversos grupos, donde además, no se puede obviar la extraordinaria conjunción de científicos excepcionales. Hamburger hizo un experimento original e innovador, Levi-Montalcini lo repitió en su laboratorio clandestino y en condiciones muy

[35] R. Levi-Montalcini. "The nerve growth factor...", p. 365.

precarias. Viktor leyó los artículos de Rita que cuestionaban sus conclusiones y tuvo la humildad y generosidad de invitarla a repetirlos juntos. Hertra Meyer y Stanley Cohen eran particularmente buenos en su campo. Por otro lado, Hamburger, Levi-Montalcini y Cohen, provenían de áreas muy diferentes y por lo tanto, naturalmente complementarias, además, en este caso, los tres eran especialmente brillantes y este tipo de coincidencias es particular. El enfoque diferente que Rita le dio al trabajo de Elmer Bueker sobre el efecto del sarcoma en los ganglios sensoriales fue más bien intuitivo, hallazgo que, por cierto, no fue importante para el autor. Pero entre todas estas circunstancias, quizá la más atractiva, fue el resultado totalmente opuesto al que esperaban cuando usaron el veneno de serpiente. Desde el principio, Rita entendió que la regulación del crecimiento y el mantenimiento neuronal, están normalmente relacionados con la degeneración y la muerte celular, circunstancia que no comprendió Hamburger. Él había sido educado en la más pura tradición de la embriología experimental, donde el desarrollo no casaba con la muerte, pero Rita era médico y en este oficio la muerte es algo natural.

Es difícil rastrear el origen de la idea que postula la existencia de una sustancia promotora del crecimiento del tejido nervioso. Muchos estuvieron en la vía, pero fue Rita Levi-Montalcini quien llevó los hechos hasta sus últimas consecuencias. Aunque el nombre de Hamburger aparece como coautor en el artículo que primeramente reporta el aislamiento del FNC (Cohen y colaboradores 1954), él mismo admite que desde ese momento se separó del equipo porque el proyecto se había vuelto demasiado bioquímico y tenía otros intereses. Además, da muestra de una gran honestidad al considerar que aunque el laboratorio era suyo y él buscaba los fondos, ya no participaba en los experimentos. En nuestros días vemos artículos con un número enorme de autores que aparecen en la lista por motivos desde políticos hasta económicos, pero no científicos.

La lectura de los escritos de Rita Levi-Montalcini, transmiten un hecho crucial, ella hizo del Factor Nervioso de Crecimiento el centro de su vida, su objetivo, su motivo principal. Recordando a Claude Bernard, en uno de sus textos escribió: *Physiologie physiologique c'est en moi.*[36] En el ser más profundo de Rita Levi-Montalcini, el Factor Nervioso de Crecimiento y ella ¿no serían lo mismo?

La manera como ella se refiere al FNC en su discurso de recepción del Premio Nobel es tan elocuente y extraordinaria, que Istvan Hargittai la califica como la más bella pieza literaria que jamás se haya escrito en referencia a la distinción con que sueñan todos los científicos:[37]

> en la víspera de la Navidad de 1986, el Factor Nervioso de Crecimiento se presentó al público a la luz de los reflectores, en el esplendor de una inmensa sala festivamente adornada en presencia de los reyes de Suecia, de príncipes, de damas con ricos vestidos de gala y caballeros de esmoquin. Envuelto [el FNC] en un abrigo negro se inclinó ante el rey y por un instante apartó el velo que le cubría el rostro. Nos reconocimos inmediatamente, cuando vi que su mirada me buscaba entre

---

[36] Frase que Claude Bernard escribió en su cuaderno con las notas para preparar *Notes pour le rapport sur le progrès de la physiologie*. Manuscrito inédito presentado y comentado por M.D. Grmek. *Documents inédits du Collège de France*. Paris: 1979.

[37] I. Hargittai. "The road to Stockholm: Nobel Prizes" in *Science and scientists*. Oxford: Oxford University Press, 2002.

la multitud que aplaudía. Luego volvió a cubrirse la cara y desapareció con la misma rapidez que había llegado. ¿Habrá vuelto a su vida errante en los bosques habitados por los espíritus que vagan de noche en las orillas de los lagos helados del norte, donde pasé tantas horas solitarias y encantadas de mi juventud? ¿Volveremos a vernos algún día? ¿O fue aquel instante el cumplimiento del deseo por encontrarnos, que había albergado durante tantos años y le habré perdido definitivamente de vista?[38]

Pareciera que el factor fuera ella, además de un ser especial. Hay que decir que entre los discursos Nobel de Fisiología y Medicina, el de Rita Levi-Montalcini es uno de los mejor realizados en fondo y forma. A diferencia de la mayoría, su ficha biográfica es de tamaño adecuado y el contenido no es una lista insípida de logros. Pone el dedo en lo que quisiéramos saber desde el punto de vista científico de un laureado por el Comité Nobel.

Desafortunadamente Víktor Hamburguer no recibió el Premio Nobel, a pesar de que compartía con Rita Levi-Montalcini, las cualidades que él mismo señala: "yo estaba consciente del hecho de que los cambios significativos y las innovaciones en el devenir de la historia y la biología, son aportados por mentes creativas que combinan la intuición con el pensamiento profundo, gran poder de observación y el dominio de una metodología especial".[39]

---

[38] R. Levi-Montalcini. *Elogio de la imperfección...*, pp. 329-330.
[39] R. Oppenheim. "V. Hamburger (1900-2001): journey of a neuroembryologist to the end of the millennium and Beyon" in *Neuron*. No. 31 (2001), p. 186.

El descubrimiento del FNC es muy reciente en la historia contemporánea, por lo que existen abundantes testimonios de sus protagonistas y de personas que conocieron a Rita Levi-Montalcini y a Viktor Hamburger. Que esos sentimientos y opiniones respecto a un hecho tan relevante como la obtención del Premio Nobel sean accesibles no es común y si muy atractivo de abordar, pues entre otros nos dan pistas de la personalidad y el carácter de los dos científicos excepcionales. Así pues, lo que sigue proviene de declaraciones que ellos mismos hicieron a medios de difusión o conocidos y de los recuerdos de los testigos. Fue muy importante la información que el doctor Robert Provine me compartió en varias entrevistas electrónicas acerca de sus maestros. Sus recuerdos de Rita Levi-Montalcini y Viktor Hamburger son tan ilustrativos, frescos y joviales, que repito algunos textualmente. Los artículos que colegas de ambos escribieron también fueron muy útiles, no es necesario ser muy sagaz para darse cuenta de qué lado estaban los autores. Este material me permitió conformar aceptablemente la posición de ambos científicos, en relación a la circunstancia de que sólo uno obtuvo la regia distinción.

A) Rita

Rita Levi-Montalcini le platicó a Sharon McGrayne[40] en una entrevista, que desde niña resintió profundamente el papel tan diferente que desempeñaban su padre y su madre

---

[40] Sharon McGrayne. *Nobel Prize women in Science: Their lives, struggles and momentous discoveries.* Secaucus, New Jersey: Carol Pub. Group, 1996.

en las decisiones familiares. Adoraba a su madre y se rebelaba contra esa diferencia que la atemorizaba si llegaba a ser esposa. Los niños o los bebés no le interesaban y nunca aceptó el papel de madre o esposa. A los veinte años le dijo a su padre que no quería casarse y que deseaba ser médico. Según ella, le interesaba la investigación, no era receptiva a los cortejos, los despreciaba "con un aire femenino" y se vestía como monja. Rehuía relacionarse sentimentalmente con los estudiantes y no deseaba ningún contacto como mujer. Rita refiere que cuando viajó a Estados Unidos ya había decidido no casarse; no quería repetir la experiencia de su madre y la vida y el trabajo que había escogido no se ajustaban a las necesidades de otra persona. Entonces (38 años) pensaba que en la investigación científica, la inteligencia, la meticulosidad o la precisión no son fundamentales para lograr el éxito y la realización personal, y que lo más importante era la dedicación total y el menosprecio de las dificultades: "mi inteligencia no es particular, tengo una inteligencia promedio, pero la intuición es algo que viene a mi mente y tengo la convicción de que es verdad. Es un don particular en el subconsciente. Sucede en la noche, nos pasa a Paola [su hermana gemela] y a mí; no es racional".

Robert Provine opina que Rita Levi-Montalcini fue "una de las más creativas, demandante y luminosa de las figuras de las ciencias biológicas en el siglo XX". Poseedora de una intuición científica impresionante, voluntad de hierro, estricto código ético en el laboratorio, hábito de trabajo y disciplina excepcional, ordenada, tenaz; se imponía tareas que la llevaban a trabajar muchas horas al día. Predicaba con el ejemplo. Su "estilo intelectual" era único, muy propio e independiente de su entrenamiento previo; "amplio, muchas veces no lineal".

Rita no toleraba la estupidez; era temperamental y fácil de percibir su estado de ánimo. Encantadora, educada, de buen humor, brillante, a veces emocionalmente tormentosa, gozaba de grandes cualidades histriónicas de carácter científico que completaban agradablemente su investigación.

Distinguida, consciente de la moda, incluso su atuendo tenía un estilo especial, "chic" y aristocrático; su vestir era ya clásico. Delgada "como modelo", usaba elegantes trajes sastres o un vestido de cuello alto sin mangas, con un saco armonioso que con su gusto exquisito ella misma había diseñado y confeccionado con brocado y seda italiana (era muy buena dibujante). Todo combinado con sus tacones de cuatro pulgadas, el collar de perlas de su madre, una gruesa pulsera de oro y un broche antiguo. "La reina de Italia con bata de laboratorio".

Su curso de Neuroanatomía Comparada era muy apreciado, los estudiantes le aplaudían al terminar el semestre. Su cuidada y excelente clase estaba precedida por sus asistentes que preparaban las diapositivas y todo lo necesario para su ingresó triunfal al salón. Antes de empezar, le gustaba ponerse una gota de perfume atrás de cada oreja.

Rita Levi-Montalcini utilizó su personalidad llamativa y sus relaciones científicas, para promocionarse y promocionar el FNC con los que estaban fuera de la embriología (campo de Viktor Hsmburger) y que hacían biología molecular, bioquímica o medicina.

Es claro que ganar el Premio Nobel la hizo muy feliz, pero en alguna entrevista confesó que acostumbrada a la soledad, la distinción le causó depresión ya que: "no conseguía soportar aquel clamor". Casi ciega y sorda, siguió trabajando hasta el final de sus días, decía que su cerebro estaba cada vez mejor con el paso del tiempo.

B) Viktor

Otra vez parafraseando a Provine, Viktor Hamburger fue uno de los grandes biólogos del siglo XX. Cabía bien en el estereotipo del "Herr Professor": acento alemán, alto, pelo blanco, frío pero educado y perfeccionista. Amable, considerado, de buen humor. En 1968, J. Holtfreter lo describe como sin dobleces, claro en sus gustos, sin fantasías, caprichos, mascotas o pasatiempos que lo distrajeran, severo y autocrítico con sí mismo. Lo guiaban el orden y la disciplina. Modesto, altruista e infaliblemente decente. Pero detrás de esa fachada austera había un gran corazón. Las personas que más amaba y el centro de su atención eran sus hijas Doris y Carola. Como Rita, generalmente era ovacionado cuando terminaba su curso. Los estudiantes se sentían honrados de tener un maestro pionero de un área de investigación y se apreciaban partícipes de una tradición que Hamburger sabía inculcarles, sobre todo en la clase de Embriología Experimental. Para él la ciencia y la historia de la ciencia eran inseparables, en el aula platicaba anécdotas heroicas de los científicos; el doctorado significaba literalmente obtener un PhD, es decir, un doctorado en filosofía. Consideraba fundamental conocer varias lenguas; hablaba y escribía perfectamente inglés y alemán, leía español, francés, italiano, la redacción de sus artículos era impecable.

Viktor Hamburguer era conservador en su manera de hacer ciencia, pero distaba mucho de ser el sabio en su torre de marfil. Analítico y con orientación histórica, moderado y precavido, avanzaba a pasos cortos. Estaba siempre pendiente de cómo se trabajaba en su laboratorio, acostumbraba tener pocas personas y era conocido su carraspeo cuando veía que alguien hacía algo mal.

No guiaba su investigación por ideas repentinas o vanales; generalmente prefería los métodos tradicionales cuyos buenos resultados en embriología experimental ya estaban probados. Utilizaba el microscopio de luz, instrumentos de microcirugía sencillos, técnicas de coloración histológica convencionales y no desarrolló nuevas metodologías. Pensaba que, se podían alcanzar grandes resultados, combinando herramientas comunes con inteligencia y trabajo duro. Según Provine, a veces lo intimidaban las nuevas tecnologías, lo que podría sugerir que su estilo estuviera sobrepasado y cuando lo entrevisté, se cuestionó si su reluctancia a lo nuevo, no pudo ser una de las causas por las que abandonó la investigación del FNC, cuando se hizo necesario incursionar en la bioquímica y la inmunología, disciplinas que Viktor desconocía. Hay que agregar que por entonces, estaba trabajando en una nueva línea de investigación acerca de las bases neurales de la conducta prenatal.

C) Los dos científicos

Entre Viktor Hamburger y Rita Levi-Montalcini, el contraste de personalidad y estilo científico era muy notable, pero ambos eran desafiantes en su modo de trabajar e intimidaban a los estudiantes, en palabras de R. Provine: "no es fácil saltar a una locomotora a gran velocidad y evitar caer o resbalar bajo la ruedas. Es muy excitante trabajar con científicos de primera clase y en general los dos eran encantadores, educados y frecuentemente graciosos. Sin embargo, nunca se olvidaba que la investigación era la prioridad".

El alemán hacía planes a largo plazo en el laboratorio que continuaba por décadas, usando métodos conservadores o tradicionales. La italiana no rechazaba las nuevas tecnologías, al contrario, era arriesgada de pensamiento y en la práctica; se complementaban y hacían un buen equipo: "el incansable monje gótico y el romántico genio tempestuoso".

En un principio su relación fue cordial, además de colegas, fueron amigos muy próximos personal y científicamente. Hamburger solía recordar que Rita lo apoyó cuando su esposa sufrió un colapso mental y hubo que internarla. Transcurrían los años cincuenta, época en que ella hizo sus más importantes hallazgos en el laboratorio.

Es incuestionable que ambos eran competitivos por naturaleza y que poseían una alta autoestima, quizá además, cada uno sentía su labor como la más importante. Rita veía el FNC como su propiedad y Viktor era el dueño de la casa donde fue la gran fiesta. Viktor Hamburger expresó:

> yo venía de la embriología experimental y analítica, de la cual Rita no tenía la más leve idea… Rita era neuróloga formada en la medicina y conocía el sistema nervioso del cual yo tenía una leve idea. Ella llevó a St. Louis la herramienta más importante, el método de tinción de plata para teñir los nervios.

Ella hizo todas las observaciones y los experimentos. Yo era la cabeza del departamento y estaba muy ocupado y no relacionado con el quehacer cotidiano del laboratorio, sin embargo diario hablábamos de él; estábamos en constante comunicación, ella me enseñaba sus laminillas y me platicaba lo que había encontrado. Yo era muy entusiasta y la alentaba. Tenía un ojo fantástico para ver aquellas cosas en el microscopio, es una mujer extremadamente ingeniosa.

Levi-Montalcini estaba consciente de las opiniones en contra de que ella hubiera sido la única en ganar el Nobel y cuando un miembro del Comité le preguntó si habían cometido un error omitiendo a Hamburguer respondió: "no, él estaba en Boston y yo en Río". En una entrevista expresó: "Viktor era un erudito, que siempre hizo un trabajo excelente, pero él nunca descubrió el FNC".

Hacía finales de los años ochenta, el tono de las declaraciones había perdido la cordialidad de tiempo atrás: de Viktor Hamburger:

nuestra relación es ambivalente para decirlo suavemente. Superficialmente estamos bien. Siento mucho lo que me hizo, nunca respetó mi ciencia. Francamente creo que es tonto pensar acerca de lo que sucedió o no sucedió. Me importa muy poco el Premio Nobel. He ganado muchos premios, pero sobre todo, tengo la estimación y el afecto de mis colegas. Esto, créanme, vale más que un Nobel en nuestra profesión.[41]

---

[41] R. Oppenheim. "V. Hamburger (1900-2001)…,", p. 186.

En mi visión, la rivalidad y el resentimiento entre los dos se exacerbó con las acciones y opiniones de los partidarios ardientes o los detractores extremos de uno y de la otra; el machismo o el feminismo, los chismes, el acosarlos para que opinaran sobre el Nobel. Ejemplo, es un testimonio de Hamburger: "me siento como San José en el Nacimiento, siempre atrás y cuyo papel en el milagro es un poco dudoso".

Es bueno señalar que en su discurso de recepción del Premio, Rita Levi-Montalcini agradeció en primer lugar a Viktor Hamburger, "quien promovió y tomó parte en la investigación y con quien siempre estaré agradecida por sus invaluables sugerencias y generosidad. Sin él, el FNC nunca hubiera atraído nuestra atención".[42]

Me parece que un aspecto clave fue que ellos, Hamburger y Levi-Montalcini interpretaron el mismo fenómeno de modo diferente y en su magnanimidad, él le dio la oportunidad a ella de continuar con su idea aunque no estuviera de acuerdo. En este sentido, es ilustrativo el primer párrafo del discurso Nobel de Rita, donde toma las palabras de P. Medawar para manifestar que, en cierto modo, la embriología experimental era frustrante en su época porque carecía de una "teoría del desarrollo" en el sentido que el Mendelismo daba cuenta de los resultados de sus experimentos de crianza. Según ella, la investigación en embriología había tenido mínimo sentido de progresión o de línea del tiempo.[43] Aquí insisto que quizá su formación médica condicionó otra forma de percibir los resultados experimentales, pero también cabe

---

[42] *Nobel lectures. Physiology and medicine. 1901-1990.* Singapure, New Jersey, London, Hong Kong: World Scientific, s.a., p. 365.

[43] *Idem.,* p. 349.

la pregunta, ¿Rita Levi-Montalcini habrá sido igualmente exitosa con sus descubrimiento, si antes Víctor Hamburguer no hubiese encontrado los robustos resultados, en los que ella basó su investigación?

En 1989, cuando Viktor recibió la más alta distinción científica en Estados Unidos, la Medalla Nacional de la Ciencia, dijo que no estaba sentido con el Comité Nobel pero si lo estaba con su vieja amiga por lo que había dicho en una entrevista y en su autobiografía. De su lado, a Rita le dolió que durante su visita a St. Louis en octubre de 1991, Viktor "no tuvo tiempo" para cenar con ella.

Viktor Hamburguer perteneció a la Clase Nobel que es muy grande, cuyos miembros merecen el Premio, pero nunca lo han recibido. En palabras de Robert Provine, las vidas de Levi-Montalcini y Hambuger: "demuestran lo rico que puede ser una existencia longeva en la carrera científica; además desafiaron el prejuicio de que la creatividad concluye en la mediana edad".

VI

Algunas ideas básicas acerca del éxito científico

Observar atentamente es recordar de forma distinta,
lo importante, lo principal es saber lo que hay que observar.
E.A. Poe. *Doble asesinato en la calle Monge.*

La primera regla para descifrar un mensaje
es adivinar lo que quiere decir.
U. Eco. *El nombre de la rosa.*

PARTO DE LA BASE que para consagrarse a la actividad científica, hay que ser un poco más que aceptablemente inteligente. Mis ocho personajes eran inteligentes, yo diría que sus cualidades cognitivas sobrepasaban el promedio. Así pues, no dedicaré líneas a la inteligencia, sin embargo, se entiende que bajo este rubro se encuentran la capacidad de aprender, entender, razonar, categorizar, decidir, resolver problemas. Esa inteligencia dirigida a la realización de un descubrimiento científico, es un asunto que provoca curiosidad, interés, es apasionante, además posee ciertas características que enseguida me interesa discutir y que se hicieron muy evidentes al estudiar a estos científicos.

Creatividad

¿Qué es la creatividad? El *Diccionario Grijalbo*[1] dice que significa crear. Roque Barcia en su *Diccionario de sinónimos* menciona que la palabra tiene un origen muy extraño, muy significativo y muy bello. Deriva de la radical *kri* del sánscrito que es el rumor que hace la vida al salir del caos; el asomar de una vida, eso es crear, es sacar de la nada.[2] Nuestros ocho personajes fueron creativos: produjeron algo novedoso, efectivo, original y útil, en otras palabras, sacaron algo de la nada.

Los que han estudiado la creatividad científica coinciden en que el investigador exitoso posee características intelectuales y motivacionales particulares,[3] que en cierto modo lo distinguen. Reiteramos las cualidades cognitivas y de personalidad, los factores externos como la familia, el medio social, geográfico e incluso histórico.

Según Carol Aldous, la creatividad involucra tres elementos críticos: 1) Los circuitos cerebrales visoespaciales y

---

[1] *Diccionario enciclopédico Grijalbo*. México: Grijalbo, 1988, p. 518.

[2] Roque Barcia. *Diccionario de sinónimos*. México: Colofón, 1990, p. 138.

[3] Múltiples autores han escrito sobre el tema, para el interesado sugiero el trabajo de Frank Barron y David M. Harrington de 1981 y sobre todo a Dean K. Simonton, especialmente sus escritos de 1984, 1990 y 2004, todos citados en la Bibliohemerografía.

lingüísticos, 2) La actividad mental consciente e inconsciente y 3) La generación del sentimiento de escucharse a sí mismo.[4] En el diagrama de la página siguiente.

La intuición es el elemento central que une a los tres aspectos y se hace manifiesta al poner atención al sentimiento. El sentimiento sin acción no conduce a la creatividad. Yo agregaría, además del sentimiento, la obsesión y la acción de involucrarse. Una proporción importante de los científicos que entrevisté y otros que conozco, están totalmente absortos en su investigación a la que dedican una suma considerable de tiempo. Existe clara evidencia en los documentos acerca de que Claude Bernard, Daniel Vergara-Lope y Rita Levi-Montalcini trabajaban días festivos y fines de semana. Si bien no hay testimonio escrito ni oral, no tendríamos por qué suponer que los demás habrían tenido una conducta diferente. Con esta opinión, pretendo subrayar que para gozar un momento de creatividad, hay que incubar una idea como se muestra en el esquema, hay que obsesionarse e involucrarse con ella.

Parece que la prioridad de todos fue su ciencia. Bernard decía que no fue venturoso en el amor, pero quizá no le dedicó el tiempo necesario, ignoramos detalles de la vida de Eberle. Tampoco sabemos de Monge y acerca de Vergara-Lope, desafortunadamente el desliz que motivó su segundo matrimonio provocó su desprestigio familiar. Golgi valoró en muy alto la presencia de su esposa y ella le era totalmente devota, Cajal pasó en el laboratorio el día que falleció uno

[4] Carol Aldous. "Creativity in problem solving: uncovering the origin of new ideas" in *International Education Journal*. Flinders University. Special Issue. Vol. 5, no. 5 (2005), p. 52.

Creatividad e intuición en la resolución de un nuevo problema científico

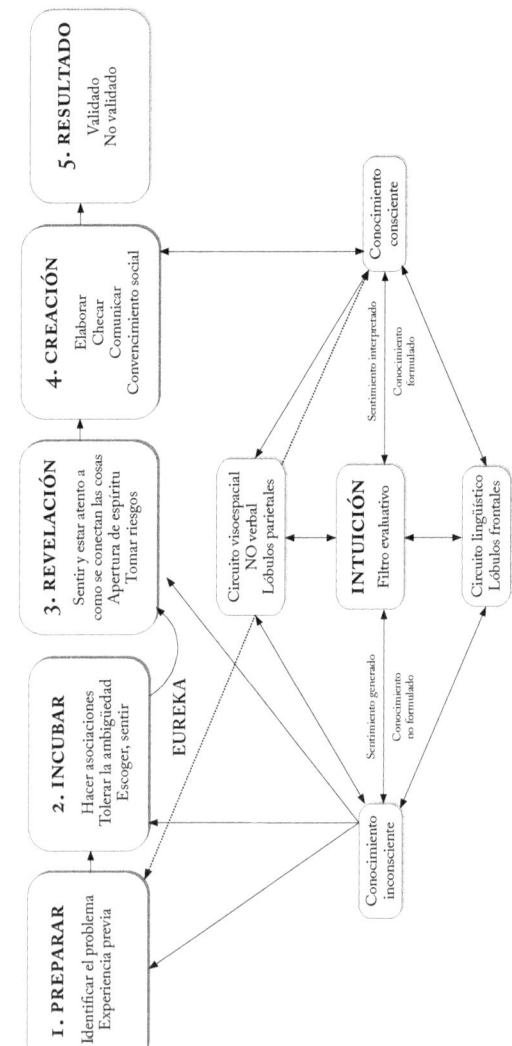

Esquema simplificado, tomado de C. Aldous. "Creavity in problem solving: uncovering the origin of new ideas" in *Informational Education Journal.* Vol. 5, no. 5 (2005), p. 54.

de sus hijos y por diversas fuentes sabemos que le encantaban las mujeres, quienes sí deben haber tomado algo de su tiempo libre. Hamburger amaba por sobre todo a sus hijas, pero nunca se refirió a su esposa quien padecía un serio padecimiento mental; por una de sus secretarias y amiga cercana sabemos que para Rita lo más importante era su investigación y su hermana, en ese orden.

La cualidad creativa es la capacidad de asociar sucesos aparentemente inconexos y generar una nueva idea. Es lo que todos conocemos como *Eureka*. Mirko Grmek lo llamaba *état d'illumination intellectuelle* y Dean Simonton *chance configuration*. El esquema simplificado del original de Aldous explica muy bien el papel de la creatividad y la intuición en la génesis del *Eureka;* la cristalización de una conclusión por la confluencia de observaciones aisladas en una representación, la emergencia al consciente de una conclusión en el subconsciente.

No sabemos del resto, pero Levi-Montalcini y Bernard reportan haber sentido claramente el *Eureka*. Todos tenemos *eurekas*, pero siempre son de acuerdo a la experiencia propia, por ejemplo, yo no puedo experimentar el *Eureka* de Bernard.

Según Simonton, existen dos tipos de científicos creativos, los intuitivos y los analíticos. Los primeros poseen numerosos elementos en el inconsciente asociados de modo emocional, que están ricamente interconectados y cuyas configuraciones no son tan claras. Su manera de experimentar puede ser espontánea. Los segundos tienen un número comparable de elementos relacionados por algunos conocimientos y hábitos, tanto conscientes como inconscientes. Sus configuraciones están ordenadas jerárquicamente. Sus experimentos deben ser planeados.

Siguiendo este juicio, los intuitivos podrían ser Bernard, Levi-Montalcini, Monge y Cajal, y los analíticos Hamburger, Vergara-Lope y Golgi; sin embargo, al conversar con los científicos, he percibido que los límites de la diferenciación son difusos. En mayor o menor grado, los analíticos actúan como intuitivos o viceversa, de acuerdo a la dirección que tome su investigación. Creo que la personalidad determina la intensidad del giro.

Una opinión de Hamburguer ilumina el valor de la creatividad en general y que otros le dan un cariz artístico: "los cambios significativos y las innovaciones en el devenir de la historia de la biología se llevan a cabo por mentes creativas que combinan la intuición con el pensamiento profundo, gran poder de observación y dominio de una metodología particular".[5]

Intuición

Claude Bernard, Camilo Golgi y Rita Levi-Montalcini expresan abiertamente que en su trabajo científico la intuición ocupaba un sitio fundamental. Si bien los otros investigadores no lo hacen tan explícito, hay datos para pensar que en todos estaba presente. En cierto modo, Hamburguer imaginó cómo podría determinarse el camino nervioso que se sigue durante el desarrollo embrional, Monge y Vergara-Lope el proceso fisiológico general de adaptación a la altura y

---

[5] A.C. Rodríguez de Romo. "Essay in the history of neuroscience. Chance, creativity, and the discovery of the nerve growth factor" in *Journal of the history of the neurosciences*. Vol. 16, no. 3 (july 2007), p. 284.

Ramón y Cajal que las neuronas estaban aisladas pero en conexión, aunque no pudo ver las sinapsis.

Otra vez, según el diccionario, la intuición se define como la percepción inmediata y sin elaboración racional de una idea. Proviene del latín *intuiré*, mirar hacia adentro o contemplar.

Siguiendo a Robin M Hogarth,[6] la intuición aparece como un epifenómeno de las habilidades que alcanzamos en nuestra experiencia cognitiva cotidiana. Las respuestas intuitivas se generan en el más primitivo de los dos sistemas de pensamiento conocidos como *experencial* y *tácito*. El experencial requiere atender y deliberar, incluye la lógica, la cognición y exige esfuerzo. El tácito es automático, inconsciente. No son mutuamente excluyentes, es posible que coexistan y uno puede dar lugar al otro. El autor dice que juntos podrían semejarse a un iceberg: la punta sería lo experencial y lo tácito el cuerpo inmerso en el agua. La intuición depende de la pericia en un ámbito determinado. Bernard era experto en la fisiología de la digestión, Vergara-Lope y Monge en la biomedicina de altura, Levi-Montalcini y Hamburger en embriología del desarrollo, Golgi y Cajal en neurohistología.

La respuesta intuitiva se alcanza con poco esfuerzo aparente y de forma natural, sin conciencia expresa. Implica poca o ninguna deliberación consciente. Incluye lo que se aprende a través de la experiencia poniendo poca atención. La preferencia y o el gusto pueden dirigir a la intuición, pues se trata de un proceso pasivo condicionado por la práctica.

---

[6] R. Hogarth. "On the learning of intuition" in *Intuition in judgment and decision making*. New York: Lawrence Erlbaum Associates, 2008, pp. 91-105.

En este paso, una vez más me resulta útil el esquema modificado de Aldous. La autora coloca al centro la intuición que directamente tiene que ver con los pasos del proceso creativo y las maneras consciente e inconsciente de cómo surge el conocimiento. De manera tajante, ella ubica el asiento anatomofisiológico del proceso cognitivo en las zonas cerebrales frontal y parietal.

Igualmente ilustrativo y muy hermoso es el trabajo de Mark Jung-Beeman y colaboradores quienes visualizan por resonancia magnética funcional, las zonas cerebrales que se activan en sujetos que están resolviendo problemas verbales de modo intuitivo.[7] Es decir, que experimentan ese instante al que ya me referí antes: el état d'illumination o *insight*, popularmente ya conocido como *Eureka* y al que en español nombraremos *revelación*.

Los investigadores observaron dos correlatos neurales objetivos cuando los sujetos resolvían un problema verbal por revelación: a) La resonancia mostró un incremento de la actividad en la parte anterosuperior del hemisferio temporal derecho y b) 0.3 segundos antes de que el sujeto encontrara una solución, el electroencefalograma exhibió frecuencia alta de la banda gamma en la misma área. Esa zona del lóbulo temporal está asociada con el establecimiento de conexiones durante la comprensión.

Aunque aceptan que la resolución de problemas descansa en una red cortical amplia, la iluminación repentina se presentó cuando los sujetos de estudio involucraron procesos

---

[7] M. Jung-Beeman and E. Bowden. "Neural activity when people solve verbal problems with insight in the brain" in *PLoS Biology*. Vol. 2, no. 4 (2004), pp. 500-510.

neurales y cognitivos diferentes que les permitieron ver la relación que antes se les había escapado.

Beeman y sus colegas afirman que la leyenda de Arquímides ha persistido tantos años porque ilustra la vía como todos resolvemos problemas naturalmente y sin preparación aparente: "en el ser humano, ese mecanismo de revelación está ligado fortísimamente con la cognición, ocurre en la percepción, la búsqueda de las memorias, la comprensión del lenguaje, la resolución de problemas y la creatividad en sus formas práctica, artística y científica".[8]

La experiencia subjetiva del *insight* lleva a una intensa respuesta emocional que algunos descubridores han hecho pasar a la historia, pero creo que en el caso de la mayoría, sólo ellos conocen.

Respecto a la circunstancia donde sólo el investigador sabe lo que sintió en el momento de su descubrimiento, citemos a Claude Bernard una vez más. Únicamente el científico francés supo lo que sintió cuando a altas horas de la noche, vio en la mesa del laboratorio como su líquido pancreático disolvía el trocito de vela. Debe haber sido una intensísima emoción, pues lo motivó a emprender sin descanso muchísimos y variados experimentos, conducta que revelan sus protocolos de trabajo. En consecuencia, al cabo de una semana redactó un artículo donde plasmaba los resultados, pero además adelantaba otros que todavía no había logrado pero que intuyó, mismos que en efecto, después confirmaría.

Otro ejemplo de esta emoción, aunque no totalmente debida al *insight,* es el caso de Tracy Sonneborn, quien en

---

[8] *Idem,* p. 500.

1937 buscaba las condiciones precisas para que dos tipos de paramecios pudieran intercambiar material genético y comprender mejor la genética de los protozoarios. Después de varios meses de trabajo agotador, una noche, ya tarde, se preparaba para ir a casa y decidió mezclar una última pareja de paramecios que comenzaron a conjugarse entre sí formando agregados. Muy excitado, buscó en los laboratorios desiertos alguien con quien compartir su alegría; no había nadie, entonces arrastró al vigilante hasta su microscopio para que viera la espectacular reacción. Es probable que el vigilante haya pensado que el investigador estaba medio loco.[9]

Ese momento de entendimiento es repentino y los que lo sienten saben que es correcto.

Acerca del estado de iluminación, Beeman plantea las siguientes preguntas que son muy provocadoras y que dejan ver que falta mucho por contestar: ¿el procesamiento inconsciente también precede a la reinterpretación de las conclusiones y la última solución? ¿Los mecanismos cognitivos y neurales diferentes a la red común para resolver un problema, están relacionados con la revelación? ¿La solución aparentemente repentina que surge con la revelación, refleja los verdaderos cambios también repentinos en el proceso cognitivo y la actividad neural?

---

[9] A. García García. *La emoción del descubrimiento científico. IV lección magistral Andrés Laguna.* Alcalá: Universidad de Alcalá, 2015.

¿Qué se necesita para ser exitoso en la ciencia?

Para efectos de este apartado, tomaré la acepción objetiva del éxito, es decir, aquella que involucra el premio.

Ciertas experiencias de vida y la personalidad parecen jugar un papel importante para obtener reconocimiento y desde este punto de vista ser exitoso. Me apoyo en un análisis realizado con ganadores del Premio Nobel para abordar estos asuntos tan complejos.[10] Colin Berry tomó los trescientos laureados que nacieron entre 1835 y 1940, porque creyó que representaban una buena muestra a lo largo del tiempo y en diferentes lugares. Aunque el trabajo es de 1981, me parece que sus conclusiones siguen vigentes. Según el autor, los científicos de su investigación son creativos, tienden a compartir una estructura de personalidad definida, son autosuficientes, estables, dominantes, introvertidos, aunque se conoce poco del ambiente social y cultural en el que se desarrollaron. En mi universo de estudio, no es posible asegurar que Monge, Cajal y Levi-Montalcini eran introvertidos y en lo que concierne a Eberle no conocemos detalles de su vida.

Berry encontró que la religión, el lugar de nacimiento y los padres constituyeron factores determinantes. Los protestantes y los judíos eran más productivos que los católicos. Él aduce su relación con la Revolución Industrial y que el conformismo no va con los protestantes. Recordemos lo señalado en páginas atrás respecto al significado diferente de

---

[10] C. Berry. "The Nobel scientist and the origins of scientific achievement" in *The British Journal of Sociology*. Vol. 32, no. 3 (1981), pp. 381-391.

las palabras éxito y *success* de acuerdo a su raíz y origen histórico. Levi-Montalcini y Hamburger fueron judíos, ambos se asentaron en los Estados Unidos de América a causa del nazismo y formaron parte del gran número de judíos científicos que llegaron de Europa. Rita siempre enfatizó su procedencia. Bernard, Cajal y Vergara-Lope se decían agnósticos, aunque nacieron en familias católicas.

Entre los Nobel predominaban los citadinos y en Estados Unidos de América se acumularon en Nueva York, Boston, Chicago y Filadelfia, zonas geográficas con una proporción alta de protestantes y judíos.

Igualmente cuenta asociarse con las élites y estudiar en las escuelas famosas que desarrollan prácticas educacionales como becas y programas de estímulos y promociones tempranas a los que destacan, por ejemplo Harvard, que además se localiza en uno de los sitios arriba apuntados. Esta característica quizá sea operativa para los científicos más contemporáneos. Bernard y Cajal nacieron en pueblos lejanos de la gran ciudad, ninguno se educó en una universidad muy prestigiosa. Ignoro dónde estudió Eberle, pero en su época la investigación alemana poseía un crédito relevante y se hacía en las universidades. Rita y Viktor tuvieron grandes maestros y llegaron muy formados a América, pero respecto a las élites, Robert Provine me comentó que por el laboratorio de los dos pasaban "dignatarios científicos" y de observar sus relaciones, él aprendió lecciones importantes de sociología de la ciencia.

La clase Nobel se conoce entre si y está pendiente de aquellos cuyos logros sólo son conocidos en su disciplina, recuerda Provine. "si no eres miembro de ese club informal, ni siquiera sabrás de su existencia". Entre los años sesenta y setenta, ambos científicos ya eran miembros de la National Academy of Sciences (*The Old Boys Club*) y empezarían a obtener premios y distinciones. La lección es que hay que juntarse con los buenos, cosa que también hicieron, aunque en menor grado los otros descubridores de mi estudio.

El análisis de los premios Nobel apunta a que las familias generalmente fueron de profesionales; doctores o profesores de universidad. Notablemente, entre los Nobel de Medicina y Química había numerosos académicos y hombres de negocios. Otro autor relaciona esta particularidad con la estructura institucional de la ciencia contemporánea, que establece un contexto orientado al riesgo para la conducta creativa, lo que resultaría especialmente favorable a los científicos con antecedentes familiares en las finanzas.[11]

Se supone que un alto nivel social y financiero sería importante, pues los prospectos de científicos verían en sus padres el modelo o el nivel de aspiración a seguir. En el pensamiento anglosajón, el privilegio social parece estar relacionado con características culturales y esfuerzo para ser exitosos, es decir, se apuesta al valor de la educación y el conocimiento a favor del bienestar propio.

En este sentido, la circunstancia de nuestros científicos es atractiva. Los padres de Golgi y Cajal fueron médicos, de Vergara-Lope y Levi-Montalcini ingenieros, de Hamburger un prominente hombre de negocios. Monge perdió a su padre siendo muy niño, pero su madre fue pianista. Ignoro la situación de Eberle. El progenitor de Bernard fue viticultor, nunca

---

[11] H. R. Silver. "Scientific achievement and the concept of risk" in *The British Journal of Sociology*. Vol. 34 no. 1 (march 1983), pp. 39-43.

hablaba de él y al morir, sólo le heredó deudas. En los Nobel analizados, están casi ausentes los hijos de trabajadores.

Es sabido que Bernard fue muy apegado a su madre, lo mismo en el caso de Monge. Algunos señalan que los científicos en biomedicina son particularmente afines a su madre y que perdieron temprano al padre, otros niegan estas afirmaciones.

La versatilidad o el interés en campos diferentes al propio suelen presentarse en los científicos reconocidos. Rita era magnífica escritora y Hamburger, además de la literatura, se interesaba mucho en las lenguas, Cajal era amante de la fotografía. Parece que los que tienen varias líneas de investigación o inician nuevas no temen el tomar riesgos, son más resistentes al peso de lo social y su nivel de motivación y persistencia es alto.[12]

Bernard, Golgi, Monge y Hamburger desarrollaron diferentes líneas de trabajo en su mismo campo y todos estaban motivados y fueron muy persistentes. La motivación y la persistencia caen más en el ámbito de los factores emocionales y transforman el potencial en creatividad científica. Los ejemplos más atractivos me parecen Claude Bernard y Rita Levi-Montalcini; ninguno como ellos trasmite la emoción de su motivación en sus escritos. Sin soslayar a los demás, su persistencia fue "emocionante", el primero al insistir en la obtención del jugo pancréatico y luego probarlo con todas las grasas que se le ocurrieron, y la segunda al aprender nuevas técnicas y viajar con su muestra de

[12] M.A. Rappa and K. Debackere. *An analysis of entry and persistence among scientists in an emerging field*. Massachusetts: Institute of Technology, Sloan School of Management, 1992.

tejido en la bolsa de su abrigo, persiguiendo entender la naturaleza química de su factor.

Si hablamos de la personalidad, la ambición intelectual está relacionada con la tenacidad y la perseverancia necesarias para enfrentar y superar los obstáculos. Como todos fueron intelectualmente ambiciosos, pues entonces estaban motivados y eran perseverantes.

En la génesis del éxito científico, algunos sociólogos contemporáneos de la ciencia le dan prioridad a la perseverancia y a la socialización sobre la inteligencia y la creatividad.[13] No estoy tan segura que sea así. Todos los científicos que estudié fueron inteligentes, perseverantes y creativos, pero no todos eran sociables. Abiertamente, Bernard confesaba que no le gustaban las reuniones porque lo cansaban y la comida le hacía daño. Vergara-Lope era neurótico en el sentido de ser conflictivo, Golgi era más bien tímido. Aunque Rita era muy buena anfitriona, no se puede asegurar que disfrutaba socializar. Todos eran egoístas en diferente grado, no muy afectos a las normas grupales, impulsivos y deben haber estado atentos a sus sensaciones, caracteres que esos estudiosos resaltan como necesarios para el éxito. Pero al mismo tiempo tenían fluidez de pensamiento y capacidad de asociación, cualidades cognitivas. Según ellos, la ciencia moderna busca tipos agradables y escrupulosos que quizá no sean tan inteligentes. Me parece que mis científicos eran escrupulosos, pero no igualmente agradables. Tenían diferentes niveles de inteligencia emocional, es decir, no

[13] B.G. Charlton. "Why are modern scientists so dull? How science selects for perseverance and sociability at the expense of intelligence and creativity" in *Medical hypotheses*. Vol. 72, no. 3 (march 2009), pp. 237-243.

gozaban de la misma capacidad de llevarse bien con los demás y lograr que actuaran en su beneficio. La genialidad de Bernard moduló el medio en su favor disimulando su insociabilidad, pero Daniel Vergara-Lope no estuvo en ese caso y quizá tendría una "personalidad tóxica" como dice Jennifer J. Salopek;[14] después de hablar con él, uno se sentía mal y prefería rehuirlo; al menos eso se siente al leer sus cartas donde exige no pide, acusa no señala y se queja de los demás. Monge por el contrario, gozaba de inteligencia emocional, poseía herramientas sociales y hacía sentir bien a la gente. Su estilo social era bueno, como lo era en diferente grado el de los demás científicos estudiados. Sin embargo, uno está dudoso respecto a Santiago Ramón y Cajal después de leer *El maestro y yo* de Pío del Río Hortega.[15]

Este destacado neurohistólogo español, cuenta sus desventuras con el Premio Nobel y como éste finalmente lo corrió del laboratorio y no le dio el merecido crédito a su investigación. De la lectura, podría pensarse que igual que con Bernard, el contexto se adaptó a una personalidad difícil en consideración a su valía, pero además habría que considerar que Ramón y Cajal siempre dio muestras particulares de egocentrismo y egolatría (basta ver las fotografías que se tomó en su juventud).

Parece que ser buen maestro y ser buen científico estarían relacionados, y no me refiero como buen maestro sólo a aquel o aquella que imparten buenas clases, también al que enseña

---

[14] JJ. Salopek. "Engaging mind, body, and spirit at work", in T+D , vol. 58, núm. 11 (2004), pp. 17-19.
[15] P. del Río Hortega. *El maestro y yo*. Barcelona: Ariel, 2015.

en la vida del laboratorio. La enseñanza, la supervisión y el ejemplo de un buen maestro son invaluables.

François Megendie, fisiólogo innovador, fue mentor de Bernard, Hans Spemann (Premio Nobel) líder de la embriología experimental de su tiempo, lo fue de Hamburger, Giuseppe Levi cabeza en Italia de la neurohistología, de Levi-Montalcini (también de Renato Dulbecco y Salvador Luria, ambos ganadores del Nobel). Los maestros de Vergara-Lope fueron los grandes médicos de la segunda mitad del siglo XIX mexicano.

Organización y claridad, cualidades analíticas y sintéticas, estrategias de enseñanza, interacción con el grupo, entusiasmo y dinamismo son características didácticas. Sabemos que Bernard, Vergara-Lope, Rita y Hamburger fueron buenos maestros. A excepción de Vergara-Lope, los otros tres se distinguieron como enseñantes en altos niveles, donde transmitían su conocimiento especializado y los estudiantes acudían porque querían, no porque los obligaran. Es difícil imaginar cual hubiera sido su desempeño como profesores de pregrado.

En todo caso, ya no es bueno el estereotipo antiguo del científico en su torre de marfil. Parece que ahora, para dedicarse a la ciencia es útil ser convincente, seductor y sociable.

Los estudiosos de las comunidades científicas dicen que ahora hay tendencia a reclutar a los jóvenes interesados en la ciencia por su nivel de perseverancia y sociabilidad, en lugar de la inteligencia y creatividad. Uno podría preguntarse si ser inteligente y escrupuloso no son combinables.

La autonomía, originalidad y flexibilidad, así como la sensibilidad, son de considerar en el camino del éxito. La capacidad para saber transmitir información es fundamental. De mi universo de estudio, todos tuvieron un mensaje que pasar, pero no todos lo lograron igualmente bien. Eberle mismo opaca su hallazgo al transmitirlo de forma casi displicente, en cambio Bernard adelanta las conclusiones que ni siquiera había visto, e incluso subraya que él fue el primero en observar la acción digestiva de la secreción pancreática. Monge se preocupó por publicar fuera de su país y que gente importante presentara sus libros. Qué decir de Santiago Ramón y Cajal y Rita Levi-Montalcini, quienes como aquellos vendedores de puerta en puerta, se encargaron de promocionar sus descubrimientos y además escribieron atractivas autobiografías. Cualquiera que sea su personalidad, los científicos deben saber transmitir lo que producen si quieren destacar.[16]

Los científicos de este libro pasaban mucho tiempo en el laboratorio, en la actualidad, para sobrevivir, se ha vuelto indispensable la obtención de jugosos *grants* haciendo relaciones públicas y viajando mucho para ofrecer conferencias. Los experimentos quedan en manos de los estudiantes o *posdocs*.

Una noción aflora frecuentemente al leer sobre el éxito y caracteres de los científicos: ser escrupuloso en el sentido de ser esmerado, preciso, minucioso, cuidadoso, concienzudo, exacto. Claude Bernard no era partidario de la estadística pues pensaba que el hallazgo producto de un experimento bien hecho, debía poder reproducirse siempre, claro, había que ser muy metódico en el trabajo de laboratorio.[17]

---

[16] T. Busse. "Selected personality traits and achievement in male scientists" in *The Journal of psychology*. No. 116 (1984), pp. 117-131.

[17] E.S. Scott and M.L. Kraimer. "The five-factor model of personality and career success" in *Journal of vocational behavior*. Vol. 58, no. 1 (2001), pp. 1-21.

Otros conceptos de personalidad son: autocontrol, ascendencia sobre los demás, cualidades oratorias, asertividad, balance emocional, objetividad. Es evidente que no todos poseen todas las cualidades y que ser científico no significa ser perfecto.

Las científicas

Como mencioné al inicio del libro, y siendo muy honesta, súbitamente comprendí que en mi pequeño universo de científicos había una mujer. La fortuna estuvo de mi lado porque esa situación me dio una perspectiva más rica de lo que significa el éxito para los que hacen ciencia. Adelanto que Rita Levi-Montalcini no cabe en muchas de las actitudes femeninas en la ciencia. Ella fue muy competitiva, no era casada, no tuvo hijos, le importaba el poder, promocionarse, llamar la atención, su prioridad y única actividad fue la ciencia.

Dejando a un lado las barreras que para las mujeres definen los estudios de género acerca de salarios y oportunidades, parece que la mayoría de las científicas otorgan gran valor al equilibrio entre la vida profesional y la vida familiar. Aunque llevar a cabo sus planes les provoca momentos difíciles, ellas logran el equilibrio con más frecuencia que ellos.

Les gusta ser reconocidas y respetadas en sus campos, influir en la vida de sus laboratorios y en la actividad académica, no precisamente por buscar fama, poder o mayor salario. Prefieren disfrutar su trabajo que tener muchas responsabilidades, publicaciones y premios. Compiten contra ellas mismas, sus metas son internas y no forzosamente las establecidas; lograr lo anterior las hace sentirse exitosas. Para un número importante no hay éxito sin hijos y piensan que apoyar al marido en su trabajo, sea científico o no, facilita su vida personal y científica. En este sentido, estudiar el éxito en científicos del mismo campo, marido y mujer, sería muy atractivo.

Un estudio en la comunidad científica finlandesa, encontró que las mujeres son capaces de compartir su experiencia, pedir consejo, apoyar a colegas y conectarse con la gente.[18] Ellas manifestaron especial interés en las estudiantes y expresaron que para mantenerlas motivadas había que dedicarles dos veces más tiempo que a los varones. Las mujeres cuestionan las decisiones injustas de las autoridades académicas, incluso algunas son capaces de desafiar a sus mentores con objeto de lograr sus objetivos personales y seguir su *voz interna*.

A muchas les resulta menos conflictivo aceptar el papel de género y parece que para competir, las de personalidad agresiva mostrarían cierto "grado de masculinidad".

Sin considerarlo verdad absoluta, piénsese en lo antes mencionado cuando se trate de la búsqueda personal del éxito.

Resumiendo, además de lo ya mencionado aquí, él éxito científico como el éxito en general tiene múltiples aristas y su génesis y entorno son complicados. Intervienen factores tan variados como la cultura, el estilo de vida y también de liderazgo, las relaciones interpersonales, la tendencia a cambiar el medio, la capacidad de asombro y hasta el clima.

[18] M. Koro-Ljumgberg and K. Tirri. "Beliefs and values of succesful scientists" in *Journal of beliefs and values*. Studies in Religion & Education. Vol. 23, no. 2 (2002), pp. 141-155.

También aspectos sociales, económicos, políticos, demográficos, históricos. La imaginación para ver lo que otros no pueden, la capacidad de anticipar ideas o problemas, saber retroceder cuando se toman decisiones equivocadas y seguir adelante con entusiasmo. Tener ilusiones y el anhelo de hacer descubrimientos.

VII

¿Qué es el éxito para los científicos?

El 90 % del éxito se basa
simplemente en insistir.
W. Allen

El éxito es sobreponerse al fracaso
con el entusiasmo intacto
W. Churchill

CONVERSAR CON LOS CIENTÍFICOS acerca de lo que para ellos significa el éxito fue interesante, enriquecedor, estimulante, ameno, divertido y a veces desafiante. Algunas respuestas me sorprendieron, de otras aprendí. Unas más me mostraron lo atractivo y complejo que es el ser humano. Platicándome sus desafíos en el laboratorio, todos me hicieron recordar la última secuencia de la película *Zorba el griego*, aquella en la que después de un intenso trabajo, el pueblo entero espera con expectación el arranque del artefacto que inventó Zorba para transportar los troncos desde la montaña a la planicie. ¡El mecanismo fracasó rotundamente! La gente se retira con tristeza y el jefe del griego se deprime, pero éste le dice que a él le pareció cómico, ambos empiezan a reír y entonces se desarrolla la famosísima escena donde Zorba baila porque su jefe le pide que le enseñe. El gran personaje de la película fue exitoso pues como dijo W. Churchill, se sobrepuso al fracaso con el entusiasmo intacto, igual que los científicos se sobreponen cuando después de montar una técnica compleja y elaborar una hipótesis, el experimento no resulta de acuerdo a su deseo, entonces como dijo W. Allen, tienen que insistir.

Una parte importante de mi propio proyecto fue platicar con los científicos, así pues, entrevisté a 14 hombres y 14 mujeres (28 científicos en total) en el campo de la investigación en biomedicina, a partir de los 40 años de edad y hasta 96. Adelanto que en mi percepción personal, tres de ellas me dieron las respuestas más ricas que escuché. A todos, únicamente les hice una pregunta: ¿Qué es el éxito para usted en su vida científica? En la mayoría de los casos, la breve entrevista se prolongó y devino en una rica conversación donde se tocaron tópicos inconexos con la ciencia.

Para empezar, ninguno dijo no sentirse exitoso y les creo, pues me pareció que todos fueron genuinos. Todos diferencian muy bien el éxito subjetivo del objetivo, el interno del externo.

Los testimonios no se refirieron únicamente al significado de éxito. En realidad todos expresaron sus vivencias de científicos, todos reflexionaron y se tomaron su tiempo para responder, a excepción de uno (hombre) que inmediatamente exclamó: "¡Éxito significa premios, publicaciones, poder!". ¡Ni tiempo me dio a sacar mi lápiz!

Un poco en el mismo sentido una científica refirió que recibir premios es importante porque "calientan el corazón y justifican los desvelos y el mayor tiempo que se dedica a la ciencia en lugar de a la familia". Igual de estimulante le parecía ser invitada a dar conferencias, como una de las consecuencias de sus publicaciones en buenas revistas.

La mayoría coincidieron en que la vida de laboratorio no es fácil. Uno reconoció que incluso puede ser tediosa: "los demás no lo saben, no lo han visto. Esto de ser científico cuesta. El científico aguanta muchas frustraciones, sólo él lo sabe".

Como creyente del método científico, alguien enumeró cuatro consideraciones que según él, son necesarias para definir éxito: cómo se percibe el científico a sí mismo, qué tanto le importa el público, cómo ve su trabajo y cómo asume la gente su trabajo.

Un buen número dijeron que éxito es trascender, pero el concepto tuvo múltiples variables. Trascender a través de los demás (entiendo que los alumnos por ejemplo), trascender la sociedad: "trascender no es ponerle tu nombre a una calle, no es individual, es una categoría social. Quiero hacer un gran descubrimiento, quiero trascender aunque ya no esté vivo".

La totalidad hablan de satisfacción en términos de éxito. Es la satisfacción intelectual, es la capacidad de resolver problemas y de diseñar el experimento necesario para contestar una pregunta, es cristalizar una idea haciendo el experimento adecuado, un diseño experimental novedoso lleva a nuevas preguntas.

Sólo tres, dos hombres y una mujer, afirmaron tajantes que éxito es el reconocimiento de los pares, pero ella otorga un peso enorme a la constancia como requisito para ser exitoso.

Para otros tres varones, éxito es crear óptimos lugares donde otros sean exitosos, hacer algo por el medio, apoyar a los demás para que hagan su trabajo, saber reconocer las cualidades y habilidades de los científicos y apoyarlos para que las exploten en beneficio propio, del grupo y de la ciencia.

Con el trabajo científico, éxito es sentirse satisfecho, preocuparse por el progreso del conocimiento, emocionarse, entusiasmarse, sorprenderse, "el que deja de sorprenderse está muerto". También es la motivación por el saber, cuestión de método, de competencias, de hacer, de cómo ser, "algo que encuentras, tu impulso, tu motor".

El testimonio de dos señores me pareció muy rico. Uno afirmó:

> nunca tendrás éxito si no te conocen los pares, por más bueno que seas no existirías. Si pretendes vivir de la ciencia, hacerte un espacio en el mundo, que tus seres queridos vivan bien, tienes que hacerte una reputación. ¡No hay milagros ni sorpresas!
>
> Supongamos que cantas muy bien, si no te escuchan y no te reconocen, ¿quién te va a contratar? Hasta cantar para uno mismo cuesta.
>
> Éxito es encontrar lo que nadie ha encontrado, descubrir algo, contribuir al conocimiento, no pasar inadvertido. ¡Claro! No se trata de trascender haciendo escándalos. Éxito es la capacidad de revelar, entender y hacer comprensible algo desconocido. Incluso hacer comprensible algo que ya se conoce pero no se entiende, que se ha visto sin darle mayor importancia. Estar en paz en tu circunstancia.

Se necesitan pasos previos para lograr el éxito. Hay que tener oportunidades, suerte, saber vencer la frustración, persistir sin llegar a la necedad y obcecación, carácter para encarar, vencer la adversidad, no es indispensable publicar en grandes revistas ni tener un grupo exitoso. Hay que tener disciplina, intuición, educación familiar, contexto histórico, encontrar buenos seres humanos, generosos, que te guíen, te apoyen, te tengan paciencia, tener un método.

Este último fue el único que mencionó a la imaginación. El otro especificó rápido y muy convencido:

ser exitoso significa descubrir algo importante y nuevo que nadie hizo antes y pocos entienden. Eso lleva a las distinciones y a los premios. No copiar a los demás ni hacer las cosas pequeñas que otros pueden hacer. Ser obsesivo, entender lo que los otros no han entendido. Si entiendes el 10% está bien; finalmente sólo logras entender la superficie.

Puedes tener una mala hipótesis y una buena respuesta por ser obsesivo. Insistir aunque haya errores en el planteamieno; claro, todo tiene límites.

La siguiente opinión de una científica me emtusiasmo:

¡Ser mujer influye en mi respuesta! Usualmente no pienso en el éxito entendido como fama, dinero, encumbramiento… no… nada de eso está en mi pensamiento, nunca. Supongo que lo que más se acerca al éxito para mí, sería hacer un descubrimiento que permitiera avanzar a muchos otros laboratorios, que permitiera hacer avances clínicos. Me sentiría íntimamente satisfecha y orgullosa, pero no creo que especialmente exitosa, sino fundamentalmente agradecida.

Yo siempre, siempre me he sentido afortunada; desde que alguien me permitió asistir al laboratorio en la licenciatura. Por todo eso me siento, en primer lugar, agradecida con la vida (además de con mucha gente) y supongo que en segundo lugar, pero a mucha distancia: exitosa.

Definitivamente, ser mujer influye en la respuesta porque cuando ha sido necesario, he puesto las prioridades en la balanza y generalmente se inclina hacia un lado que no es mi profesión. Afortunadamente, no he necesitado usar la balanza con frecuencia. Mi vida me ha dejado vivir mi profesión sin tener que renunciar a otras cosas.

Vivo rodeada de personas infinitamente más ambiciosas que yo y quizá no alcanzo los niveles que ellos consideran aceptables para cubrir su concepto de éxito. La verdad, no me preocupa; yo tampoco entiendo sus elecciones en la vida.

¡Estoy llegando a la conclusión de que no puedo separar el éxito profesional del éxito personal! Por eso no necesito reconocimiento, ni nada… es un proceso íntimo y silencioso.

Un poco en la vía del testimonio anterior, en tres respuestas femeninas, aparece el éxito como la satisfacción causada porque un resultado impactó positivamente a la comunidad, porque resuelve problemas de salud y porque permite hacer un diagnóstico precoz para un tratamiento oportuno. Además una señaló:

es hacer un descubrimiento que ayude a los demás, es ayudar. Trasciendes a través de esa investigación aplicable en beneficio del ser humano, pero para ser exitosos en este sentido, hay que ser honesto, ético, tener escrúpulos, autoestima y eso viene de casa, es la crianza, eso es lo importante. Además de que uno se sensibiliza al trabajar con seres humanos.

Ella, la que sigue y un científico más, fueron los únicos que hablaron de la relación entre aspectos éticos y éxito, del compromiso profesional y con el trabajo, de tener buenas prácticas de laboratorio y publicar calidad no cantidad.

Esa otra científica exclamó: "¡Qué bonita pregunta! ¡Qué importante es esa pregunta en esta etapa de mi vida!".

Para ella ser exitosa significa estar y continuar estando enamorada de la ciencia, del conocimiento, de la curiosidad por el saber. Gozar el privilegio (y reconocerlo) de una buena formación académica y científica. Atesorar en el corazón a las personas, maestros, colegas y alumnos que son parte de su formación científica. Haber contribuido a la formación de otros investigadores, al conocimiento y que sus pares lo reconozcan. También al respeto y a la ética de la investigación científica.

Alguna me confió que la familia es un obstáculo en la vía del éxito porque complica el éxito profesional y la organización de un ritmo productivo de trabajo. Sutilmente me compartió que hay que dejar las emociones a un lado y atenderse a sí misma y a las propias relaciones personales. No la conozco tanto como para saber si ha logrado este proceder.

Otra compartió que se siente exitosa y feliz cuando sus resultados —"sólidos, bien hechos y reales"— dan lugar a trabajos que otros hacen después y también es feliz cuando se reconoce que esos resultados provienen de México.

Una destacada científica de prestigio mundial, de luminosa personalidad, ganadora de premios y cuyo trabajo es bien reconocido, respondió que ella no se considera exitosa. En lo personal es abuela, tiene dos hijos brillantes y un marido que parece ser excelente. Ella confiesa que es pesimista porque es mejor serlo para no sufrir decepciones. No tengo muy claro cómo interpretar su posición. ¿Nunca habrá recibido reveses (o cuando menos no grandes) y por lo tanto no ha degustado el sabor del fracaso o la frustración?, ¿es malagradecida y soberbia o arrogante?, al igual que Camillo Golgi, ¿no sabe qué es el éxito? Seguramente el amable lector tendrá su opinión.

Pero la respuesta de Brenda Milner me encantó. Después de pensarlo un rato y con mucha seriedad y entusiasmo precisó: "¡Éxito es disfrutar el día a día en el laboratorio!".

La única identidad que revelo de mis entrevistados es la de la doctora Milner y creo que a ella le agradaría. Conocer a esta mujer me significó una de mis mejores experiencias como persona y como interesada en los científicos y su trabajo. Es un hecho que ella ya trascendió en cualquiera de las formas que sus colegas expresaron. Neuropsicóloga canadiense nacida en Inglaterra el 15 de julio de 1918, a mediados de los años cincuenta empezó a estudiar al paciente HM que sufría un tipo de epilepsia, refractario al tratamiento convencional. En consecuencia, optaron por retirarle el foco epiléptico y las dos terceras partes de ambos hipocampos. Su padecimiento remitió, entonces HM tenía 29 años, pero después de la operación pensaba que tenía 27 y era incapaz de recordar lo que apenas había sucedido o aprender lo que iba pasando en su vida. Brenda Milner hizo con él un descubrimiento fundamental para la comprensión de la memoria: el ser humano registra todas sus experiencias de manera autónoma, proceso al que los expertos llaman memoria explícita o episódica.

En 2008, a los 82 años, HM murió como una persona sin recuerdos y la doctora Milner lo siguió toda su vida.

Brenda Milner es una mujer pequeña, delgada, sobria y elegantemente arreglada. En las diferentes ocasiones que la vi (entonces tenía 96 años), vestía trajes sastres de lindas telas gruesas (era invierno) de muy buen gusto. Siempre sonriente, con una gran lucidez, gozaba de una memoria envidiable y una conversación muy ágil, disfrutaba la buena comida y el buen vino.

Dudo que ella me habría dado la misma respuesta en relación a lo que entiende por éxito si le hubiera preguntado en diferentes momentos de su vida, y ahora creo que nuestro concepto de éxito depende de la edad y circunstancia en que nos cuestionen, claro, también si se es hombre o mujer, casada(o), sin o con familia. De hecho, un científico amigo me compartió: "El concepto de éxito cambia con la edad porque uno se va descubriendo a si mismo y se va haciendo menos dependiente del juicio externo. Esto se aplica, creo yo, a todas las profesiones".

Semejante a la de Brenda Milner, fue la opinión de un joven científico que me aseveró que éxito es llegar a casa y tener el sentimiento de que se hizo algo importante.

En ciertos casos, hubo respuestas cuya intención no fue muy clara, pues creo que él o la que contestó estaba pensando algo que sólo ellos conocían; por ejemplo, "una forma de éxito es renunciar"; "exitoso es al que entienden, es el comprendido"; "exitoso es ser feliz" y "el éxito es un ideal".

En general, creo que las mujeres perciben el éxito como el hecho de adquirir mayor responsabilidad y aceptar retos más difíciles.

La riqueza de respuestas me hace concluir que lo subjetivo es lo que más cuenta para los científicos y no lo es el premio, el reconocimiento público o el dinero. Si hablamos de poder, éste sería más bien el que tiene impacto intelectual.

Es sumamente atractiva la excelente aplicabilidad a los científicos, de lo encontrado en los gerentes empresariales y que menciono en otro apartado. Ellos y ellas también responden al patrón de *climbers, experts, influencers* y *self-realizers*.

Viéndolo así, podría afirmar que los ocho científicos cuya obra expuse fueron exitosos.

Seguramente Claude Bernard fue muy feliz cuando él sólo, una noche, entendió como se digerían las grasas, supo que los premios y los reconocimientos le llegarían después. Johann Eberle habría disfrutado estudiar y describir lo que en su tiempo eran secretos preciados de la naturaleza humana. Se percibe al leerlo, que Daniel Vergara-Lope gozó hacer sus experimentos y emprender sus expediciones a los volcanes, así como Monge Medrano disfrutó crear un sitio para investigar, los dos deben haberse sentido felices al dignificar su raza a través del conocimiento. Asumo que Santiago Ramón y Cajal y Camillo Golgi amaban estar con su microscopio y su vida de laboratorio, su discrepancia se debió a que cada uno tenía su propia realidad y diferente percepción de la misma circunstancia. Eso es muy personal y no impide sentirse exitoso. ¿Qué decir de Rita Levi-Montalcini? Es evidente a través de sus escritos, que se sintió inmensamente dichosa al obtener el Premio Nobel y también sumamente exitosa. Su colega Viktor Hamburger, igualmente deja ver en sus textos que tuvo éxito interno. Unos recibieron premios otros no, unos trascendieron la historia otros no, a su modo, externo o interno, todos paladearon el éxito.

Debo mencionar que durante todo el tiempo que hice este libro, no desaprovechaba la ocasión de preguntar a las personas que se dejaban, que entendían por éxito. Concluí que todos, sin importar su ocupación o intereses en la vida, comparten con los científicos el significado de éxito. La respuesta de un inteligente y viejo amigo me encantó. Definitivamente él es muy exitoso en el sentido convencional y aclaro que no es científico:

Hace tiempo les dijimos a nuestros hijos que tenían un problema pues no sólo queríamos que fueran felices, sino también exitosos. Pero a lo largo del tiempo cambié mi segundo punto; al analizar el éxito comprendí que eso es algo que te 'asigna' alguien más, eres exitoso ante los ojos ajenos o de acuerdo a la percepción del otro. Pensé que ya no buscaría ser exitoso sino TRASCENDER [las mayúsculas son de él] que es algo más interno y completo, y que quizá hasta puede ser reconocido por el exterior. El ser humano necesita ser reconocido. Soy exitoso en el aspecto externo pero ahora para mí, lo más importante es que estoy a gusto haciendo lo que hago, ayudé a crear hijos pensantes y buenos, ellos y mi esposa me aman y me respetan. Ante algunos podré ser exitoso, ante otros quizá uno más.

¿Por qué los individuos conciben el éxito de maneras tan diversas? ¿Por qué hay concepciones de éxito que difieren de las ideas convencionales? ¿Por qué el género y la edad parecen impactar la idea de éxito?

No hay reglas ni modelos y menos estereotipos para definir al investigador exitoso.

Muchos están contentos con su vida científica sin que necesariamente tengan dinero, poder o reconocimientos. Lo subjetivo es lo que más pesa, y el éxito no depende únicamente de factores cognitivos o de personalidad, también cuenta lo histórico, político, social y hasta lo económico.

Me parece que la definición de éxito ha cambiado como han cambiado tantas cosas.

Una vez vi un espectáculo infantil en Toulouse, mezcla de teatro y títeres, cuyo mensaje en ese momento no pude asimilar y me dejó perpleja, sobre todo porque estaba en Francia y era dirigido a los niños.

El personaje principal concluyó expresando que Libertad, Igualdad y Fraternidad no eran importantes, que lo importante era ser feliz.

Glosario

ÁCIDO LÁCTICO. Producto terminal del metabolismo de la glucosa en ausencia de oxígeno.

ADENOCARCINOMA. Tipo de cáncer que comienza en las células glandulares secretoras.

ANOXIHEMIA BAROMETRICA. Concepto decimonónico de la fisiología respiratoria, según el cual la baja presión y la elevada altura en el altiplano mexicano condicionaba una menor cantidad de oxígeno, provocando pereza física y "anemia intelectual".

ANTISUERO POLICLONAL. Anticuerpos derivados de diferentes tipos de células del sistema inmunitario.

ANTITOXINA. Anticuerpo que produce el organismo para neutralizar los efectos de una toxina.

ANTROPOMETRÍA. Estudio del tamaño, proporción y forma del cuerpo humano.

APARATO DE GOLGI. Organelo que participa en la síntesis de las macromoléculas.

ASTA ANTERIOR. Forma en la que se estructuran las neuronas de la médula espinal en su parte anterior.

ASTA POSTERIOR. Forma en la que se estructuran las neuronas de la médula espinal en su parte posterior.

AXÓN. Fibra nerviosa de las neuronas que transmite las señales eléctricas entre ellas.

BULBO OLFATORIO. Estructura encefálica de los vertebrados implicada en el olfato.

CARBOHIDRATOS. Azúcares o glúcidos.

CÉLULA DE PURKINJE. Neurona muy grande que se localiza en el cerebelo.

CÉLULAS DE SCHAWNN. Célula glial que envuelve el axón de las neuronas, formando la vaina de mielina.

CITOQUINA. Proteína que regula las interacciones de las células del sistema inmune.

CORPÚSCULO DE GOLGI. Estructuras sensitivas que se encuentran en la unión de los tendones con las fibras musculares.

CURARE. Veneno extraído de ciertas plantas y utilizado por los indios de la Amazonia.

DENDRITAS. Ramificaciones terminales de las neuronas que reciben los impulsos nerviosos.

DIASTASA. Enzima que se encuentra en determinadas semillas germinadas y otras plantas.

EMBRIOLOGÍA. Ciencia que se ocupa del estudio, la formación y el desarrollo de los embriones.

ENZIMA. Sustancia que acelera o provoca procesos químicos sin sufrir modificaciones.

EPISTAXIS. Hemorragia nasal.

ERITREMIA. Enfermedad caracterizada por un aumento de glóbulos rojos.

ESPLENOMEGALIA. Agrandamiento patológico del bazo.

ESTROMA INTERSTICIAL. Material de soporte o sostén entre los tejidos.

FACTOR EPIDÉRMICO DE CRECIMIENTO. Molécula de naturaleza proteica cuya función radica en el control del ciclo celular.

FACTOR NERVIOSO DE CRECIMIENTO. Proteína presente en el sistema nervioso necesaria para el desarrollo y supervivencia de las neuronas.

FACTOR TRÓFICO. Factores de crecimiento.

FAGO. Parásitos intracelulares que se multiplican al interior de las bacterias.

FIBRA MOTORA. Fibra nerviosa que transmite impulsos motores en el sistema nervioso central y periférico.

FILOGENIA. Estudio del origen y el desarrollo de las diversas especies.

FOSFODIESTERASA. Enzima que cataliza la ruptura de los enlaces fosfodiéster.

GANGLIO SENSORIAL. Grupos de neuronas en el sistema nervioso periférico.

GLIA. Células cuya función principal es dar soporte a las neuronas y controlar el microambiente.

GLICEROL. Alcohol presente de forma natural en el organismo.

GLÓBULOS ROJOS. Corpúsculos de la sangre cuya función es transportar el oxígeno.

GLÓMERULO DE MALPIGHI. Corpúsculo en el riñón, que sirve para filtrar la sangre y elaborar la orina.

GLUCÓGENO. Sustancia de reserva que se transforma en glucosa cuando el organismo necesita energía.

GLUCOLÍTICO, SISTEMA. Liberación de energía mediante la descomposición de la glucosa.

HEMATOCRITO. Porcentaje del volumen total de la sangre, compuesto por glóbulos rojos.

HEMOGLOBINA. Proteína que se encuentra en el interior de los glóbulos rojos y que transporta el oxígeno.

HIPERPLASIA. Multiplicación anormal del tejido.

HIPERVENTILACIÓN. Incremento excesivo del ritmo respiratorio.

HIPOPLASIA. Desarrollo incompleto de un órgano o parte de éste.

HIPOTÁLAMO. Centro regulador de las funciones del sistema nervioso vegetativo.

HIPOVENTILACIÓN. Respiración superficial o demasiado lenta.

HISTOLOGÍA. Disciplina que estudia todo lo relacionado con los tejidos orgánicos.

INTERNEURONA. Neurona que intercomunica a las neuronas sensoriales con las neuronas motoras.

LIPASA PANCREÁTICA. Enzima que se produce en el páncreas y se libera en el intestino delgado para ayudar a descomponer las grasas.

LIPOLÍTICO. Que provoca la lipólisis o degradación de las grasas.

LÓBULO OLFATORIO. Región del sistema nervioso central que procesa la información procedente del epitelio olfatorio.

MACRÓFAGOS. Células que tienen la función de fagocitar los cuerpos extraños.

MALARIA. Enfermedad causada por un parásito transmitido por algunos mosquitos.

MIELINA. Componente lipoprotéico que protege a los axones e incrementa la velocidad del impulso.

MITOSIS. Proceso de división celular.

MONOXIDO DE CARBONO. Gas tóxico, inodoro, incoloro e insípido.

MOTONEURONA. Tipo de célula cuya función se relaciona con los estímulos que provocan la contracción muscular.

NERVIO BRAQUIAL. Que tiene que ver con las extremidades superiores.

NERVIO SIMPÁTICO. Aquel que pertenece al sistema nervioso simpático y se encarga de la invernación autónoma.

NERVIO VASODILTADOR. Nervio encargado del incremento del diámetro interno de los vasos sanguíneos.

NERVIO VASOMOTOR. Nervio que controla la dilatación y la constricción de los vasos sanguíneos.

NEUROANATOMIA. Estudio de la estructura y la organización del sistema nervioso.

NEUROBLASTOS. Células embrionarias del sistema nervioso.

NEUROEMBRIOLOGÍA. Ciencia que estudia el desarrollo embrionario del sistema nervioso.

NEUROGÉNESIS. Proceso por el cual se generan nuevas neuronas.

NEUROGLIA. Glia.

NEUROHISTOLOGIA. Estudia la constitución de los tejidos del sistema nervioso.

NEURONA. Principales células del sistema nervioso.

NEURONAS GOLGI TIPO I. Neuronas cuyo axón puede llegar a medir un metro o más de longitud.

NEURONAS GOLGI TIPO II. Neuronas con axón corto.

NEUROTROFINA. Molécula que intervienen en el trofismo y la plasticidad neuronal.

NUCLEOPROTEÍNA. Constituyente importante de los núcleos celulares.

ONCOGEN. Responsable de la transformación de una célula normal en una maligna.

ONTOGENIA. Desarrollo de un organismo, desde la fecundación hasta la senectud.

OSTEOLOGÍA. Rama de la anatomía descriptiva que trata del estudio científico del sistema óseo.

PÁNCREAS. Órgano retroperitoneal mixto, exócrino y endocrino.

PARESTESIA. Sensación de hormigueo o entumecimiento.

PATOLOGÍA. Rama de la medicina encargada del estudio de las enfermedades.

POLICITEMA VERA. Trastorno que principalmente ocasiona exceso en la producción de glóbulos rojos.

POLIGLOBULIA. Aumento de la cifra usual de glóbulos rojos.

PRESIÓN BAROMÉTRICA. Presión ejercida por la atmósfera de la tierra en un punto dado.

PROTEOLÍTICO. Dícese de una sustancia que disuelve las materias proteicas.

QUILO. Fluido corporal lechoso formado por bilis, jugo pancreático y lípidos emulsionados.

QUIMO. Producto de la digestión de los alimentos a nivel del estómago.

RAÍZ SENSITIVA. Extremo proximal de un nervio sensitivo posterior en su unión con la médula espinal.

RETÍCULO SARCOPLASMICO. Principal almacén de calcio intracelular en el músculo estriado.

SARCOMA. Tipo de cáncer que empieza en el hueso o en los tejidos blandos del cuerpo.

SINAPSIS. Aproximación funcional especializada que se localiza entre las neuronas.

SÍNDROME MIELOPROLIFERATIVO. Generación descontrolada de los precursores medulares de alguna de las células sanguíneas.

TÁLAMO. Estructuras anatómicas que reciben impulsos nerviosos de las vías sensitivas y los redistribuyen a la corteza cerebral.

TRIGLICÉRIDOS. Clase de lípidos que se forman por una molécula de glicerina y tres de ácidos grasos.

VASO QUILÍFERO. Vaso que se encuentra en el interior de las vellosidades intestinales, destinado a transportar el quilo absorbido por la mucosa.

Bibliohemerografía

ADAMS, C. "The age at which scientists do their best work" in *Journal of the history of science*. No. 36 (1946), pp. 166-169.

ALBERTS, B. and L. Yongxiang. *Science, technology, and innovation for achieving United Nations Millenium Development Goals*. United Nations General Assembly (september 2005).

ALDOUS, C. "Creativity in problem solving: uncovering the origin of new ideas" in *International Education Journal*. Flinders University. Special Issue. Vol. 5, no. 5 (2005), pp. 43-56.

ALDOUS, C. "Creativity, problem solving and innovative science: insights from history, cognitive psychology and neuroscience" in *International education Journal*. Flinders University. Vol. 8, no. 2 (2007), pp. 176-186.

ALISEDA, A. "Logics in scientific discovery" in *Foundation of science*. No. 9 (2004), pp. 339-363.

ÁLVAREZ LEFFMANS, F. *Las neuronas de Don Santiago*. México: Conaculta / Pangea, 1994.

ASTIN, H. "Citation classics: women's and men's perception of their contribution to science" in *Women in the scientific community*. Institute for Scientific Information. Philadelphia. No. 35 (30 april 1993), pp. 356-361.

AZOULAY, P., Z. Graff and G. Manso. "Incentives and creativity: evidence from the academic life sciences. The National Bureau of Economic Research" in *NBER Working paper series*. Cambridge (octuber 2009).

Babu, R. "Determinants of research productivity" in *Scientometrics*. No. 43 (november 1998), pp. 309-329.

Barcia, R. *Diccionario de sinónimos*. México: Colofón, 1990.

Barcroft, J. *Lessons from high altitude. The respiratory function of the blood*. England: Cambridge, 1925.

Barron, F. and D.M. Harrington. "Creativity, inteligence and personality" in *Ann. Rev. Psychol*. No. 32 (1981), pp. 439-476.

Batey, M. "Creativity, intelligence, and personality: a critical review of the scattered literature" in *Genetic, social, and general psychology monographs*. Vol. 132, no. 4 (2006), pp. 355-429.

"Behavior 26" (2005), pp. 155-176. [2006/07/28] en www3. open.ac.uk/oubs–alumni/docs/psychol–success.pdf. [Consultado 3 de agosto 2016].

Belsky, D. "The genetics of success: how single-nucleotide polymorphisms associated with educational attainment relate to life-course development" in *Psychological science*. Vol. 27, no. 7 (2016), pp. 957-972.

Benkataraman, K. "Is your career successful?" [2006/07/20] en www.cox.smu.edu/article/research/research.do/91 [Consultado 3 de agosto 2016].

Bernard, C. *Boston medical library 8, The Fenway. Masters of medicine*. New York: Longmans, Green & Co, 1899.

Bernard, C. "Du suc pancréatique et de son rôle dans les phénomènes de la digestion" en *CR hebd Acad Sci*. T. 28 (1849), pp. 249-253.

Bernard, C. *Introducción al estudio de la medicina experimental*; tr. J.J. Izquierdo. México: Imprenta Universitaria, 1942.

Bernard, C. "Mémoire sur le suc gastrique et son rôle dans la nutrition" en *Gazette médicale de Paris*. Vol. 12, no. 11 (1844), pp. 165-172.

Bernard, C. "Sur les usages du suc pancréatique" en *L'Institut*. No. 16 (1848), pp. 137-138.

Berry, C. "The Nobel scientists and the origins of scientific achievement" in *The British journal of sociology* Vol. 32, no. 3 (1981), pp. 381-391.

BORDIEU, P. *Les usages sociaux de la science. Pour une sociologie clinique du champ scientifique*. Paris: Institute National de la Recherche Agronomique, 1997.

BOUCHARDAT, A. and C.M. Sandras. "Des functions du pancréas et son influence dans la digestion des féculents" en *C. R. Hebd. Acad. Sci.* No. 20 (1845), pp. 1,085-1,091.

BOUCHARDAT, A. and C.M. Sandras. "Recherches sur la digestion y la assimilation des corps gras" en *C.R. Hebd. Acad. Sci.* No. 17 (1843), pp. 296-399.

BOZIONELOS, N. "Intra-organizational network resources: relation to career success and personality" in *International Journal of Organizational Analysis*. Vol. 11, no. 1, (2003), pp. 41-66.

BRIDEWELL, W. "Two kinds of knowledge in scientific discovery, cognitive science society" in *Topics in cognitive science*. Vol. 2, no. 1 (january 2010), pp. 36-52.

BUEKER, E. "Implantation of tumors in the hind limb field of the embryonic chick and the developmental response of the lumbo-sacral nervous system" in *Anat. Rec.* No. 102 (1948), pp. 369-390.

BUSSE, T. "Selected personality traits and achievement in male scientists" in *The Journal of Psychology* (1984), pp. 117-131.

BYNUM, W. and R. Porter. *Companion encyclopedia of the history of medicine*. London and New York: Routledge, 1993.

CAICEDO TORRES, M.A. "Éxito profesional" en *Revista Códice*. Vol. 3, núm. 19 (2007), p. 47.

CASTAÑEDA SALGADO, M. y T. Ordorika Sacristán. *Investigadoras de la UNAM: trabajo académico, productividad y calidad de vida*. México: UNAM, Centro de Investigaciones Interdisciplina-rias en Ciencias y Humanidades, 2013.

CANNON, D. *Ramón y Cajal*. Madrid: Grijalbo, 1965.

CARRADA, G. *Communicating science, a scientist's survival kit*. S.l.: European commission, Directorate-General for Research, 2006.

CHARLTON, B. "From nutty professor to buddy love, personality types in modern science" in *Medical hypotheses*. No. 68 (2007), pp. 243-244.

CHARLTON, B. "Why are modern scientists so dull? How science selects for perseverance and sociability at the expense of intelligence and creativity" in *Medical hypotheses*. Vol. 72, no. 3 (march 2009), pp. 237-243.

CHÁZARO GARCÍA, L. y A.C. Rodríguez de Romo. *A 2,274 metros de altitud: la fisiología de la respiración del Dr. Daniel Vergara-Lope (1865-1938)*. México: Conacyt / FRACTAL, 2006. (Serie Contextos, 3. Seminario de Historia de la Ciencia, IIF-UNAM).

CHODOROW, N. "Family structure and feminine personality" in *Women, culture and society*; eds. M. Rosaldo and L. Lamphere. Stanford University Press, 1974, pp. 43-66.

COHEN, S. *The Nobel prize winners: Physiology or Medicine*; ed. Frank N. McGill. USA: 1996, pp. 1,494-1,506.

COHEN, S., R. Levi-Montalcini and V. Hamburger. "A nerve growth-stimulating factor isolated from sarcoma 37 and 180" in *Proc. Natl. Acad. Sci.* No. 40 (1954), pp. 1,014-1,018.

COINDET. L. "Physiologie de la réspiration sur les altitudes" en *Gaceta Médica de México*. Vol. 1, núm. 2 (1864), pp. 3-5, 17-19 y 46-48.

COLE, J. and B. Singer. "A theory of limited differences: explaining the productivity puzzle in science". *The outer circle women in the scientific community*, (s.a.), pp. 277-310.

COLE, S.J. and G. Simon. "Chance and consensus in peer review" in *Science*. No. 214 (november 1981), pp. 881-886.

COMROE, J. "Retrospectoscope: roast pig and scientific discovery" in *American review of respiratory disease*. No. 115 (1977), pp. 131-134.

CONVERSE, P. "Controlling your environment and yourself: Implications for career success" in *Journal of vocational behavior*. No. 80 (2012), pp. 148-159.

COSER, L. *The idea of social structure, papers in honor of Robert K. Merton*. New York: 1975.

Cox, T. H. and C.V. Harquail. "Career paths and career success in the early career stages of male and female MBAs" in *Journal of vocational behaviour*. No. 39 (1991), pp. 54-75.

Cowan, M. "Viktor Hamburger and Rita Levi-Montalcini: the path to the discovery of NGF" in *Ann. Rev. Neurosci*. No. 24 (2001), p. 551-560.

Cross, D., S. Hendricks and D. Hickey. "Argumentation: a strategy for improving achievement and revealing scientific identities" in *International journal of science education*. Vol. 30, no. 6 (2012), pp. 837-861.

Cueto, M. "Entre la teoría y la técnica. Los inicios de la fisiología de altura en el Perú" en *Bulletin Institute Études Andines*. Vol. 19, no. 2 (1999), pp. 431-441.

Cueto, M. *Excelencia científica en la periferia*. Lima: Grade-Concytec, 1989.

Cueto, M. "Monge Medrano Carlos" en *Dictionary of Medical Biography*; eds. W.F. Bynum y H. Bynum, 2007. Vol. 4, pp. 889-892.

Davis, R. "Creativity in neurosurgical publications" in *Neurosurgery*. Vol. 20, no. 4 (april 1987), pp. 652-663.

Dean, M. *et al.* "Exploring career and personal outcomes and the meaning of career success: among part time professionals in organizations". [2006/07/28] en www.polisci.msu.edu/kossek/careersuccess.pdf. [Consultado 3 de agosto 2016].

Debackere, K. and M. Rappa. *Institutional variations in problem choice and persistence among pioneering researchers*. Massachusetts: Massachusetts Institute of Technology, 1991.

Derr, C. and A. Laurent. "The internal and external career: a theoretical and cross-cultural perspective" in *Handbook of career theory*; eds. M. B. Arthur, D.T. Hall and B.S. Lawrence. Cambridge: University Press, 1989.

Di Fabio, A. and L. Palazzeschi. "An in-depth look at scholastic success: fluid intelligence, personality traits or emotional intelligence?" in *Personality and individual differences*. No. 46 (2009), pp. 581-585.

DICCIONARIO ENCICLOPÉDICO Grijalbo. México: Grijalbo, 1988.

DICTIONARY OF scientific biography. New York: Scribner's, 1973. Vol. 5, pp. 459-461 and vol. 11, pp. 273-276.

DOUGLAS, A. "Beyond logic of discovery and paradigmatic consensus: a reanalysis of the Popper-Kuhn debate in the philosophy of science" in *Philosophy study*. University of Lagos. Vol. 1, no. 1 (june 2011), pp. 52-66.

DRIES, N., R. Pepermans and O. Carlier. "Career success: constructing a multidimensional model" in *Journal of Vocational Behavior*. Vol. 73 (2008), pp. 254-267.

DUMAS, J.B. *Essai de statique chimique des êtres organisés*. Paris: 1844.

DYKE, L. and L. Duxbury. "The implications of subjetctive career success" in *Journal for Labour Market Research*. Vol. 43 (january 2011), pp. 219-229.

EBERLE, J. *Physiologie der Verdauung: nach Versuchen auf natürlichem und künslichem Wege*. Würsburg: Erscheinungsjahr, 1834.

EDGE, D. and R. MacLeod. *Social studies of science. An international review of research in the social dimensions of science and technology*. London: SAGE publications, 1990.

FARLEY, J. and G. Geison. "Science, politics and spontaneous generation in nineteenth-century France: the Pasteur-Pouchet debate" in *Bulletin of the history of medicine*. Vol. 48, no. 2 (1974), pp. 161-198.

FEIST, G. "How development and personality influence scientific thought, interest, and achievement" in *Review of General Psychology*. University of California. Vol. 10, no. 2 (2006), pp. 163-182.

FEIST, G. and F. Barron. "Predicting creativity from early to late adulthood: intellect, potential and personality" in *Journal of research in personality*. No. 37 (2003), pp. 62-88.

FLORKIN, M. "A history of biochemistry" in *History of Science*; ed. A. Hessenbruch. Amsterdam / New York: Elsevier, 1972, pp. 121 y 267.

FRIXIONE, E. *De motu propio, una historia de la fisiología del movimiento*. México: Siglo XXI, 2000.

FURNHAM, A., M. Batey, and T. Booth. "Individual difference predictors of creativity in art and science students" in *Thinking skills and creativity*. No. 6 (2011), pp. 114-121.

GARCÍA, B y R. Sánchez. *Santiago Ramón y Cajal, un siglo después del Premio Nobel*. Santander: Fundación Marcelino Botín, 1984.

GARCIA, P. "Discovery by serendipity: a new context for an old riddle" in *Foundations of Chemistry*. Universidad Nacional de Córdoba, Argentina. Vol. 11, no. 1 (2009), pp. 33-42.

GARCÍA GARCÍA, A. *La emoción del descubrimiento científico. IV lección magistral Andrés Laguna*. Alcalá: Universidad de Alcalá, 2015.

GATTIKER, U. and L. Larwood. "Predictors for managers, career mobility, success and satisfaction" in *Human relations*. Vol. 41, no. 8 (1988), pp. 569-591.

GENTY, M. "Claude Bernard" in *Les Biographies médicales*. No. 6 (1932), pp. 140-141.

GOLGI, C. "Sulla structura della sostanza grigia del cervello" in *Gazzeta medica italiana*. Lombardia. Vol. 33, no. 2 (1873), p. 4.

GOLGI, C. "The neuron doctrine-theory and facts" in *Nobel lecture* (december 11, 1906), pp. 189-217.

GRANIT, R. "Discovery and understanding" in *American review physical*. No. 34 (1972), pp. 1-12.

GRANT, G. "How Golgi shared the 1906 Nobel Prize in physiology or medicine with Cajal" en www.nobel.se/medicine/articles/grant. [Consultado 3 de agosto 2016].

GREGURAS, G. and J. Diefendorff. "Why does proactive personality predict employee life satisfaction and work behaviors? a field investigation of the mediating role of the self-concordance model" in *Personnel psychology*. No. 63 (2010), pp. 539-560.

GRMEK, M.D. *Catalogue des manuscrits de Claude Bernard*. Paris: Masson, 1967.

GRMEK, M.D. *Documents inédits du Collège de France*. Paris: 1979.

GRMEK, M.D. *Histoire du Sida*. Francia: Loisirs, 1989.

GRMEK, M.D. "Le rôle du hasard dans la genese des découvertes scientifiques" en *Medicina Nei Secoli*. No. 13 (june-agost 1976), pp. 277-305.

GRMEK, M.D. *On Scientific Discovery, The Erice Lectures 1977*. Holland USA: Reidel Publishing Company. No. 34 (1977), pp. 9-42.

GUNZ, H. and P. Heslin. "Reconceptualizing career success" in *Journal of organizational behavior*. No. 26 (2005), pp. 105-111.

HALL, D. and E. Chandler. "Psychological success: when career is a calling" in *Journal of organizational* (february 3, 2005).

HAMBURGER, VIKTOR. "Motor and sensory hyperplasia following limb-bud transplantations in chick embryos" in *J. Exp. Zool.* Vol. 12, no. 3 (1939), p. 281.

HAMBURGER, VIKTOR. "The effects of wing bud extirpation on the development of the central nervous system in chick embrios" in *J. Exp. Zool.* No. 68 (agost 1944), pp. 449-494.

HAMBURGER, VIKTOR. "Viktor Hamburger" in *The history of Neuroscience in Autobiography*; ed. L.R. Squire. Washington: Society for Neuroscience. Vol. 1 (1996), pp. 222-250.

HAMBURGER, VIKTOR and E. Keefe. "The effects of peripheral factors on the proliferation and differentiation in the spinal cord of chick embryos" in *J. Exp. Zool.* No. 96 (agost 1944), pp. 223-242.

HAMBURGER, VIKTOR. "Proliferation, differentiation and degeneration in the spinal ganglia of the chick embrio under normal an experimental conditions" in *J. Exp. Zool.* No. 111 (1949), pp. 457-502.

HAMBURGER, VIKTOR and R. Oppenheim. "Journey of a neuroembryologist to the end of the milennnium and Beyon" in *Neuron*. No. 31 (2001), p. 186.

Hamburger, Viktor, R. Levi-Montalcini and S. Cohen. "A nerve growth-stimulating factor isolated from sarcoma 37 and 180" in *Proc. Natl. Acad. Sci.* Vol. 40 (1954), pp. 1,014-1,018.

Hamburger, Viktor, R. Levi-Montalcini, and M. Cowan. "The path to the discovery of NGF" in *Rev. Neurosci.* Vol. 24 (2001), p. 558.

Hargittai, I. *The road to Stockholm: Nobel Prizes, science and scientists.* Oxford: Oxford University Press, 2002.

Hellman, H. *Great feuds in medicine. Ten of the liveliest disputes ever.* New York: 2001.

Helmreich, R., J. Spence and W. Thorbecke. "On the stability of productivity and recognition" in *Personality and social psychology bulletin.*Vol. 7, no. 3 (september 1981), pp. 516-522.

Herrera, A. and D. Vergara-Lope. *La vie sur les hauts plateaux. Influence de la pression barométrique sur la constitution et le développment des êtres organisés. Traitement climatérique de la tuberculose.* México: Imprimerie I. Escalante, 1899.

Hirschi, A. and V. Jaensch. "Narcissism and career success: Occupational self-efficacy and career engagement as mediators" in *Personality and Individual Differences.* Vol. 77 (april 2015), pp. 205-208.

Hogarth, R. "On the learning of intuition" in *Intuition in judgment and decision making*; eds. H. Plessner, C. Betsch and T. Betsch. New York: Lawrence Erlbaum Associates, 2008, pp. 91-105.

Holmes, F. *Hans Krebs,The formation of a scientific life, 1900-1933.* Oxford: Oxford University Press, 1991.

Holmes, F. "Investigative pathways: patterns and stages in the careers of experimental scientists" in *The quarterly review of biology.* New Haven CT, USA: Yale University Press, Vol. 79, no. 4 (december 2004).

Howard, J.M. "Hess history of pancreas: mysteries of a hidden organ" in *Springer* (2002).

"INTUITION IN the context of discovery" en www.sciencedirect. com/science/article/pii/001002859090004N [Consultado 3 de agosto 2016].

JOURDANET, D. *Les altitudes de l'Amerique tropicale comparée au niveau de la mer au point de vue de la constitution médicale.* Paris: Baillière et Fils, 1861.

JUNG-BEEMAN, M. and E. Bowden. "Neural activity when people solve verbal problems with insight in the brain" in *PLoS Biology.* Vol. 2, no. 4 (2004), pp. 500-510.

KALLEBERG, A. and K. Losocco. "Aging, values and rewards: explaining age differences in job satisfaction" in *American Sociological Review.* Vol. 48 (1983), pp. 78-90.

KANAZAWA, S. "Why productivity fades with age: the crime-genius connection" in *Journal of research in personality.* No. 37 (2003), pp. 257-272.

KELLER, A. *Psychological, educational, and sociological perspectives on success and well-being in career development.* Springer: 2014.

KHOON, K. "Learning from the lives and works of great scientists" in *College student journal.* Vol. 44, no. 4 (december 2010).

KOENRAAD, D. *Institutional variations in problem choice and persistence among pioneering researchers.* Massachusetts: Institute of Technology / Sloan School of Management, 1992.

KORO-LJUNGBERG, M. and K. Tirri. "Beliefs and values of successful scientists" in *Journal of beliefs & values.* Studies in Religion & Education. Vol. 23, no. 2 (2002), pp. 141-155.

KOSTOFF, RONALD. "Literature-related discovery (LRD), Introduction and background" in *Technological forecasting & social change.* Vol. 75, no. 2 (february 2008), pp. 165-185.

KOZULIN, A. "The influence of the personality of the scientist on his theorizing: I.P. Pavlov and the concept of human signal systems" in *Journal studies in soviet thought.* Vol. 22, no. 4 (november 1981), pp. 249-256.

KUHLMANN, H. "Physiologie im wohnzimmer" en www.heide-kuhlmann.de/html. [Consultado 3 de agosto 2016].

KUHN, T. "Historical structure of scientific discovery" in *Science*. Vol. 136, no. 1 (1962), pp. 760-764.

KURT, A. "Scientific ability and creativity" in *High Ability Studies*. Vol. 18, no. 2 (2007), pp. 209-234.

KURZ, E. "Marginalizing discovery: Karl Popper's intellectual roots in psychology; or, how the study of discovery was banne from science studies" in *Creativity research journal*. Vol. 9, no. 2 y 3 (1996), pp. 173-187.

LAÍN ENTRALGO, P. *Historia de la medicina*. Barcelona: Salvat, 1978.

LANGAN-FOX, J. "The nature and measurement of intuition, cognitive and behavioral interests, personality, and experiences" in *Creativity research journal*. Vol. 15, no. 2 y 3 (2003), pp. 207-222.

LEVI-MONTALCINI, R. *Elogio de la imperfección*. Barcelona: Ediciones B.S.A., 1999.

LEVI-MONTALCINI, R. "The effect of mouse tumor transplantation on the nervous system" in *Ann. NY Acad. Sci.* Vol. 55, no. 2 (agost 8, 1952), pp. 330-343.

LEVI-MONTALCINI, R. "The nerve growth factor: thirty-five years later" in *Nobel lecture* en www.nobelprice.

LEVI-MONTALCINI, R. "The origin and development of the visceral system in the spinal cord of the chicken embrio" in *J. Morphol.* No. 86 (1950), pp. 253-283.

LEVI-MONTALCINI, R. and P. Calissano. "The nerve growth factor" in *Scientific american*. No. 240 (1979), pp. 44-53.

LEVI-MONTALCINI, R. and V. Hamburguer. "A diffusible agent of mouse sarcoma producing hyperplasia of sympathetic ganglia and hyperneurotization of viscera in the chick embryo" in *J. Exp. Zool.* No. 123 (1953), pp. 233-287.

LEVI-MONTALCINI, R. y G. Levi. "Les conséquences de la destruction d'un territoire d'innervation périphérique sur le développment des centres nerveux correspondents dans l'embryon de poulet" en *Arch Biol Liège*. No. 53 (1942), pp. 537-545.

LEVI-MONTALCINI, R. y G. Levi. "Recherches cuantitatives sur la marche du processus de différentation des neurons dans les ganglions spinaux de l'embryon de poulet" en *Arch Biol Liège*. No. 54, (1943), pp. 189-200.

LEVINSON, D. *The seasons of a man's life*. 2a ed. New York: Knopf, 1978.

"LIFE AND discoveries of Santiago Ramón y Cajal" en www.nobel.se/medicine/articles/cajal. [Consultado 3 de agosto 2016].

LINDAHL, B., A. Elzinga and A. Welljams-Dorof. "Credit for discoveries: citation data as a basis for history of science analysis" in *Theoretical medicine and bioethics*. No. 19 (1998), pp. 609-620.

LUDWIK, F. *Genesis and development of a scientific fact*. Chicago and London: The University of Chiago Press, 1981.

MAINDRON, E. *Les fondations de prix de l'Académie des Sciences. Les Lauréats de l'Académie (1714-1880)*. Paris: Gauthier-Villars, 1881.

MARIE, J. "Postgraduate science research skills: the role of creativity, tacit knowledge, thought styles and language" in *London review of education*. Vol. 6, no. 2 (july 2008), pp. 149-158.

MARSHALL, C. and G. Rossman. *Designing qualitative research*. Sage: Newbury Park, 1989.

MARTÍNEZ, R. "Algunas consideraciones sobre matemáticas y creatividad" en *Ciencia*. Vol. 56 (octubre-diciembre de 2005), pp. 4-13.

MARX, J. "Nerve growth factor acts in brain" in *Science*. No. 232 (1986), pp. 1,341-1,342.

MATHEWS, R. "Why do people believe weird things?" in *Significance, focus*. Vol. 2, no. 4 (november 30 2005), pp. 182-184.

MAZZARELLO, P. "Camillo Golgi's scientific biography" in *Journal of the history of neurosciences*. No. 8 (1999), pp. 121-131.

MAZZARELLO, P. *The hidden structure: a scientific biography of Camillo Golgi. The Oxford Companion to the History of Modern Science*. Oxford: Oxford University Press, 2003.

MAZZARELLO, P. "The hidden structure: a scientific biography of Camillo Golgi"; rev. L. Bossil in *Journal of the history of neurosciences*. Vol. 10, no. 3 (2001), p. 327.

McGEE, R. "Identifying future scientists, predicting persistence into research training" in *Life sciences education*. Vol. 6 (2007), pp. 316-331.

McGRAYNE, S. *Nobel Prize women in science: Their lives, struggles and momentous discoveries.*Secaucus, New Jersey: Carol Pub. Group, 1996.

MELAMED, T. "Career success: the moderating effect of gender" in *Journal of vocational behaviour*. No. 47 (1995), pp. 35-60.

MERCER, M. *How winners do it: high impact skills for your career success.* Prentice-Hall: Englewood Cliffs, 1994.

MERTON, R. *Ciencia, tecnología y sociedad en la Inglaterra del siglo XVII*. Madrid: Alianza, 1984.

MERTON, R. *The sociology of science theoretical and empirical investigations*. Chicago: 1973.

MERTON, R. *The travels and adventures of serendipity in sociological semantics and the sociology of science.*New Jersey: Princeton, 2004.

MILAGROS, O. "La dama de negro" en *El País* (22 de noviembre de 1988).

MIRVIS, P. and D. Hall. "Psychological success and the boundaryless career" in *Journal of organizational behaviour*. No. 15 (1994), pp. 365-380.

MONGE, C. *Acclimatization in the andes. Historical confirmations of "climatic aggression" in the development of andean man*. Baltimore: The Johns Hopkins Press, 1948.

MONGE, C. "La enfermedad de los Andes" en *AFM*. Núm. 14, (1928), pp. 1-134.

MONGE, C. *Sobre un caso de enfermedad de Vaquez*. Lima: Imprenta San Martín. 1925.

NESS, R. "Teaching creativity and innovative thinking in medicine and the health sciences" in *Academic medicine*. Vol. 86, no. 10 (octuber de 2011).

NG, T. and D. Feldman. "Subjective career success: A meta-analytic review" in *Journal of Vocational Behavior.* No. 85 (2014), pp. 169-179.

NG, T. and L. Eby. "Predictors of objective and subjective career success: a meta-analysis" in *Personnel psychology.* Vol. 58 (2005), pp. 367-408.

NOBEL LECTURES. Physiology or medicine, 1901-1990; pres. speech by professor the Count K.A.H. Mörner. Singapure, New Jersey, London, Hong Kong: World Scientific, s.a.

"NOBEL PRIZE in physiology or medicine 1906"; pres. speech by professor the Count K. A. H. Mörner, rector of the Royal Caroline Institute en: www.nobelprize.org. [Consultado 3 de agosto 2016].

O'CONNOR, D. and D. Wolfe. "On managing mid-life transitions in career and family" in *Human relations.* Vol. 40, no. 12 (1987), pp. 799-816.

O'REILLY, C. and J. Chatman. "Working longer and harder: a longitudinal study of managerial success" in *Administrative science quarterly.* Vol. 39, no 12 (1994), pp. 603-627.

OGBURN, W. and D. Thomas. "Are inventions inevitable? A note on social evolution" in *Political science quarterly.* Vol. 37, no. 1 (march 1922), pp. 83-98.

OLMSTED, J.M.D. *Claude Bernard. Physiologist.* New York and London: Harper and Brothers Publishers, 1938.

OLMSTED, J.M.D. and E.H. Olmsted. *Claude Bernard and the experimental method in medicine.* USA: Collier Book, 1961.

OPPENHEIM, R. "V. Hamburger (1900-2001): journey of a neuroembryologist to the end of the millennium and beyon" in *Neuron.* No. 31(2001), p. 186.

OPPENHEIM, R. and Lauder. "Viktor Hamburger at 100: eight decades of neuroembryological research, 1920- 2000" en zigote.swarthmore.edu/axon1b.html1 [Consultado 3 de agosto 2016].

Peluchette, J. "Subjective career success: the influence of individual difference, family and organizational variables" in *Journal of Vocational Behaviour*. Vol. 43, (1993), pp. 198-208.

Pera, M. *The ambiguous frog: the Galvani-Volta controversy on animal electricity*. Princeton: University Press / Princeton Legacy Library, 1991.

Pérez Tamayo, R. "El error y la predicción en la ciencia" en *Memoria de El Colegio Nacional*. Vol. 10 (1984), pp. 3-51.

"Physiology or medicine 1906; pres. speech. Nobelprize.org. Nobel Media AB 2014", (august, 4 2016) in www.nobelprize.org/nobel_prizes/medicine/laureates/1906/press.html

Pickstone, J. "Introduction" in *Medical innovations in historical perspective*. 1992, pp. 1-16.

Piffer, D. "Can creativity be measured? An attempt to clarify the notion of creativity and general directions for future research. Thinking Skills and Creativity (2012)" in dx.doi.org/10.1016/j.tsc.2012.04.009 [Consultado 3 de agosto 2016].

Poole, M., J. Langan-Fox and M. Omodei. "Contrasting subjective and objective criteria as determinants of perceived career success: a longitudinal study" in *Journal of occupational and organisational psychology*. Vol. 66 (1993), pp. 39-54.

Powell, G. and L. Mainiero. "Cross-currents in the river of time: conceptualising the complexities of women's careers" in *Journal of management*.Vol. 18, no. 2 (1992), pp. 215-237.

Raluy Alonso, A. "El concepto estadounidense de 'éxito' frente a su homónimo español: dos visiones sociológica, semántica y etimológicamente diferentes" en *ELUA*. Núm. 26 (2012), pp. 269-288.

Ramesh, B. and P. Singh. "Determinants of research productivity" in *Scientometrics*. Vol. 43, no. 3 (1998), pp. 309-329.

Ramón y Cajal, S. *Estudios sobre la degeneración y regeneración del sistema nervioso, obra fundamental sobre el tema*. Madrid: 1913-1914.

RAMÓN Y CAJAL, S. *Histologie du système nerveux de l'homme et des vértebrés*. Madrid: Consejo Superior de Investigaciones Científicas, 1972.

RAMÓN Y CAJAL, S. *Recuerdos de mi vida*. Madrid: Imprenta de Juan Puego, 1923; otra ed., Madrid: Alianza, 1981.

RAMÓN Y CAJAL, S. "The structure and connexions of neurons" in *Nobel lecture* (december 12 1906), pp. 220-253.

RAPPA, M.A. and K. Debackere. *An analysis of entry and persistence among scientists in an emerging field*. Massachusetts: Institute of Technology. Sloan School of Management, 1992.

RAY, O. "Automated abduction in scientific discovery" in *Studies in computational intelligence*. No. 64 (2007), pp. 103-116.

REBAGLIA, A. "Scientific discovery, between incimmesurability of paradigms and historical continuity" in *Foundations of science*. Vol. 4, no 3 (september 1999), pp. 337-354.

RIO HORTEGA, P. del. *El maestro y yo*. Barcelona: Editorial Ariel, 2015.

RITA LEVI-MONTALCINI, 1986. The Nobel prize winners: Physiology or medicine; ed. Frank N. McGill. USA: 1991, pp. 1,512-1,513.

RODRÍGUEZ DE ROMO, A.C. "Antecedentes de la ciencia médica mexicana a través de la figura del doctor Daniel Vergara-Lope Escobar (1865-1938)" en *Gaceta Médica de México*. Vol. 140, núm. 4 (2004), pp. 411-416.

RODRÍGUEZ DE ROMO, A.C. *Claude Bernard, el sebo de vela y la originalidad científica*. México: Siglo XXI / Facultad de Medicina, UNAM / Academia Mexicana de Ciencias, 2006.

RODRÍGUEZ DE ROMO, A.C. "Daniel Vergara-Lope and Carlos Monge Medrano: two Pioneers of high altitude medicine" in *High altitude medicine and biology*. Vol. 3, no. 3 (2002), pp. 299-309.

RODRÍGUEZ DE ROMO, A.C. "Essay in the history of neuroscience. Chance, creativity, and the discovery of the nerve growth factor" in *Journal of the history of the neurosciences*. Vol. 16, no. 3 (july de 2007), pp. 268-287.

RODRÍGUEZ DE ROMO, A.C. "La enfermedad en el pensamiento de Claude Bernard; el caso del azúcar y la grasa" en *LUDUS VITALIS*. Vol. 11, núm. 20 (2003), pp. 166-176.

RODRÍGUEZ DE ROMO, A.C. "¿Neuronismo o reticularismo? diferente percepción de la misma circunstancia" en *Archivos de neurociencias*. Vol. 10, núm. 1 (2005), pp. 2-8.

RODRÍGUEZ DE ROMO, A.C. *Recherches de Claude Bernard sur la digestion, l'absorption et les transformations des lipides: analyse historico-psychologique d'une découverte*. París: Sorbona, Universidad de París I. 1987. Tesis para obtener el grado de doctor en Filosofía e Historia de la Ciencia.

RODRÍGUEZ DE ROMO, A.C. "Tallow and the time capsule: Claude Bernard's discovery of the pancreatic digestion of fat" in *History and philosophy of the life sciences*. No. 11 (1989), pp. 253-274.

RODRÍGUEZ DE ROMO, A.C. "Un fisiólogo mexicano en su 'Montaña mágica'" en *Ensayos históricos*. Venezuela. 2ª etapa, núm. 11 (1999), pp. 97-110.

RODRÍGUEZ DE ROMO, A.C. y L. Cházaro. *Daniel Vergara-Lope: Ciencia y adversidad en la 'Montaña mágica'*. México: Conaculta / Fonca, septiembre de 1998. (Premio Vidas para Leerlas).

ROE, A. "Patterns in productivity of scientists" in *Science*. No. 176 (mayo 26 1972), pp. 940-941.

ROTHMAN, A. "Is scientific achievement a correlate of effective teaching performance" in *Research in higher education*. Vol. 3, no. 1 (1975), pp. 29-34.

RUSSO, N. and M. Deacon. "Gender and success-related attribution: beyond individualistic conceptions of achievement" in *Sex roles*. Vol. 25, no. 5-6 (1991), pp. 331-350.

SALOPEK, J. "Engagin mind, body, and spirit at work" in T+D, vol.58, núm. 11, (2004), pp. 17-19.

SCHEIN, E. *Career anchors: discovering your real values.* San Diego: Pfeiffer, 1993.

SCHMIDT, A. "Creativity in science: tensions between perception and practice, creative education" in *Scientific research.* Vol. 2, no. 5 (2011), pp. 435-445.

SCOTT, E.S. and M.L. Kraimer. "The five-factor model of personality and career success" in *Journal of vocational behavior.* Vol. 58, no. 1 (2001), pp. 1-21.

SEIBERT, S. Crant, J. "Proactive personality and career success" in *Journal of applied psychology.* Vol. 84, no. 3 (1999), pp. 416-427.

SERGE, R. *Les mécanismes de la découverte scientifique.* Ottawa: Les Presses de l'Université d'Ottawa, 1993.

SHEIN, M. y A.C. Rodríguez de Romo. "Rita Levi-Montalcini y la perseverancia en el camino de la ciencia" en *Anales médicos.* Vol. 49, núm. 4, (2004), pp. 208-216.

SHEPERD, G. *Foundations of the neuron doctrine.* New York; Oxford University Press, 1990.

SILVER, H.R "Scientific achievement and the concept of risk" in *The British Journal of Sociology.* Vol. 34, no. 1 (march 1983), pp. 39-43.

SIMONTON, D.K. *Creativity in science.* Cambridge: Cambridge University Press, 2004.

SIMONTON, D.K. *Genius, creativity, and leadership: historiometric inquiries.* Cambridge: Harvard University Press, 1984.

SIMONTON, D.K. *Scientific genius. A psychology of science.* Cambridge: Cambridge University Press, 1990.

SMITHIKRAI, C. "Personality traits and job success: an investigation in a thai sample" in *International journal of selection and assessment.* Vol. 15, no. 1 (march 2007).

SNYDER, S. "Neuroscience at Johns Hopkins. Historical perspective" in *Neuron.* No. 48 (october 2005), pp. 201-211.

SOLLA, D. de. "Networks of scientific papers. The pattern of bibliographic references indicates the nature of the scientific research front" in *Science*. Vol. 149, no. 30 (july 1965), pp. 510-515.

Sperry, R. "Chancing priorities" in *Annals review neurosciences*. No. 4 (1981), pp. 1-15.

Stachel, J. "Einstein. Micelson-The context of discovery and the context of justification" en articles.adsabs.harvard.edu//full/1982AN....303...47S/0000047.000.html [Consultado 3 de agosto 2016].

Sternberg, R. and T. Gordeeva. "The anatomy of impact: what makes an article influential?" in *Psicological science*. Vol. 7, no. 2 (1996), pp. 69-75.

Stroh, L., J. Brett and A. Reilly. "All the right stuff: a comparison of female and male managers career progression" in *Journal of Applied Psychology*. Vol. 77, no. 3 (1992), pp. 251-260.

Stumpf, H. "Scientific creativity: a short review" in *Educational psychology review*. Vol. 7, no. 3 (1995).

Sturges, J. "What it means to succed: personal conceptions of career success held by male and female managers at different ages" in *British journal of management*. No. 10 (1999), pp. 239-252.

Super, D. "A life-span, life-approach to career development" in *Journal of vocational behaviour*. No. 16 (1980), pp. 282-298.

Taton, R. "Reason and chance in scientific discovery" in *J. Chem. Educ*. Vol. 35, no. 7 (1958), p. A320.

"The discovery of aptitude and achievement variables" in www.sciencemag.org/content/106/2752/279.citation [Consultado 3 de agosto 2016].

"The neuron doctrine, theory and facts, Nobel lectures including presentation speeches and laureates biographies" in *Nobel lectures, physiology or medicine 1901-1921*. Amsterdam: Elsevier Publishing Company, 1967.

Thege, B., S. Popescu-Willingmann, and R. Pioch. *Paths to career and success for women in science,* in www.springer.com

VERGARA-LOPE, D. *La anoxihemia barométrica. Medios fisiológicos y mesológicos que ayudan al hombre a contrarrestar la acción de la atmósfera rarificada de las altitudes.* México: Oficina Tipográfica de la Secretaría de Fomento, 1893.

VERGARA-LOPE, D. "La densidad de la sangre y su tensión molecular" en *Gaceta Médica de México.* Núm. 8 (1913), p. 317.

VERGARA-LOPE, D. "La hematología de las altitudes en sus relaciones con la clínica y la terapeútica" en *Rev. Quin. Anat. Pat. Clín. Med. Quir.* Núm. 7 (1896), pp. 200-206 y 234-246; núm. 9 (1912), pp. 282-296.

VERGARA-LOPE, D. "La hiperglobulia de las altitudes no es un fenómeno de hematopoyesis" en *Gaceta Médica de México.* Núm. 6 (s.a.), pp. 135-136.

VERGARA-LOPE, D. *Refutación teórica y experimental de la teoría de la anoxihemia del Dr. Jourdanet.* México: Secretaría de Fomento, 1890.

VIZCARRA BORDI, I. y G. Vélez. "Género y éxito científico en la Universidad Autónoma del Estado de México" en *Revista de estudios feministas.* Vol. 15, núm. 3 (2007) en dx.doi.org/10.1590/S0104-026X2007000300005.

VOLODINA, A., G. Nagy, and O. Köller. "Success in the first phase of the vocational career: The role of cognitive and scholastic abilities" in *Journal of Vocational Behavior.* No. 91 (2015), pp. 11-22.

Vos, A. de, S. de Hauw, and B. van der Heijden. "Competency development and career success: The mediating role of employability" in *Journal of Vocational Behavior.* No. 79 (2011), pp. 438-447.

WASHINGTON, BUÑO. *Ramón y Cajal.* Argentina: Centro Editor de América Latina, 1968.

WASHINGTON UNIVERSITY LIBRARY. *International Journal of Developmental Neuroscience.* No. 19 (2001). Number in honor a Viktor Hamburger en library.wustl.edu/units/biology/vh/.

Weisberg, R. "The study of creativity: from genius to cognitive science" in *International Journal of Cultural Policy*. Vol. 16, no. 3 (2010), pp. 235-253.

West, J. *High hife. A history of high-altitude physiology and medicine.* Oxford: Oxford University Press, 1998.

Windholz, G. and P. Lamal. "Vagaries of science; priority, independent discovery, and the quest for recognition" in *The psichologycal record*. Vol. 43, no. 1-4 (1993), pp. 339-350.

Wolf, E., B. Halpern et J. Roche. "Présentation et lecture de trois plies cachetès de Claude Bernard (nos. 825, 826 et 2299)" en *C.R. Acad. Sci.* No. 286 (1978), pp. 63-66.

Wua, P., M. Foo and D. Turban. "The role of personality in relationship closeness, developer assistance, and career success" in *Journal of Vocational Behavior.* Vol. 73 (2008), pp. 440-448.

Ze-kai, L. and Y. Li-ming. "The career success scale in nursing: psychometric evidence to support the Chinese version" in *Journal of Advanced Nursing.* Vol. 70, no. 5 (may 2014), pp. 1,194-1,203.

Zuckerman, H. "The careers of men and women scientists: a review of current research"; ed. T. Bauer. *Women in the scientific community.* Nueva York. Norton and Co., 1991.

Zuckerman, H. "The sociology of the Nobel Prizes" in *Scientific American*. Vol. 217, no. 5 (1967), pp. 25-33.

Archivos consultados

Archivo del Centro de Estudios Históricos de Cuernavaca, Morelos.

Archivo General de la Nación. Ramo Instrucción Pública y Bellas Artes.

Archivo Histórico de la Academia de Medicina de México.

Archivo Histórico de la Academia de Medicina de Francia.

Archivo Histórico del Colegio de Francia. Fondo Claude Bernard.

Archivo Histórico de la Universidad Nacional Autónoma de México. Fondo UNAM, Sección Expedientes de Alumnos.
Archivo del Panteón del Tepeyac, Ciudad de México.
Oficina Central del Registro Civil, Ciudad de México.

Páginas en Internet

articles.adsabs.harvard.edu//full/1982AN....303...47S/0000047.000.html.
dx.doi.org/10.1016/j.tsc.2012.04.009.
dx.doi.org/10.1590/S0104-026X2007000300005.
library.wustl.edu/units/biology/vh/.
www.cox.smu.edu/article/research/research.do/91
www.heide-kuhlmann.de/html.
www.nobelprize.org/nobel_prizes.
www.nobel.se/medicine/articles/grant.
www.open.ac.uk/oubs-alumni/docs/psychol-success.pdf.
www.sciencedirect.com/science/article/pii/001002859090004N.
www.sciencemag.org/content/106/2752/279.citation.
zigote.swarthmore.edu/axon1b.html.

Todos queremos ser exitosos y todos queremos ser felices; el problema está en lo que entendemos por éxito y por felicidad. De manera amena y basada en casos reales de la historia de la medicina, la autora busca entender el éxito y por tanto, una expresión de la felicidad. Obtener el Premio Nobel, tener poder intelectual y obtener donativos jugosos para hacer su investigación, puede significar el éxito para algunos científicos, pero otros se sienten exitosos con el sólo hecho de arrancar en callado sus secretos a la naturaleza y equilibrar su vida personal con la profesional. Pero... los científicos son seres humanos, así que en el fondo, el resto de los mortales podemos compartir con ellos lo que entienden por éxito, el esfuerzo para lograrlo o los traspiés para perderlo. Además de provocar la reflexión, *¿Eres exitoso? La historia y los científicos responden*, devela cuatro hazañas de la empresa científica que vale la pena conocer.

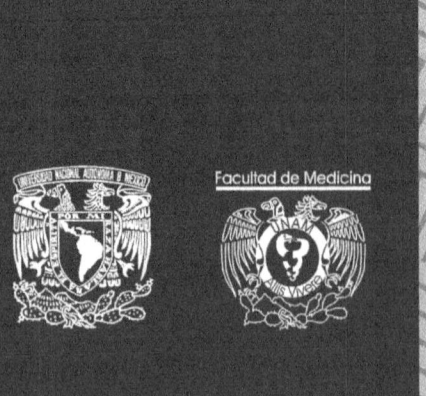

Facultad de Medicina

www.ingramcontent.com/pod-product-compliance
Lightning Source LLC
Chambersburg PA
CBHW051307220526
45468CB00004B/1246